好好吃饭
好好爱

作者 / 沈小怡

江苏凤凰科学技术出版社

国家一级出版社　全国百佳图书出版单位

剽悍一只猫（个人品牌战略顾问，微信公众号矩阵有百万读者）

小怡是难得的餐饮界文化人。

001 她做的菜相当好吃，吃了她的私房菜，你会发现绝大多数餐厅的菜品，只是将就。

002 她对中华美食文化非常有研究，是传承者，是传播者，更是开拓者。

003 她为人处世特别通透，能跟她成为朋友，是人生一大幸事！

杨小米（50 万 + 自媒体人，《行动变现》作者）

厨房是个让人感觉温暖的地方，正如小怡的厨艺和人品。

我认识她几年了，看她做私房菜、录美食节目、通过写作记录成长经历，一路走来殊为不易，很庆幸能结识小怡这样的朋友，也很高兴能看到她将这些宝贵的经验分享出来，读她的文章和每次吃到她亲手做的美食一样，都是一种享受。

李海峰（DISC 双证班社群联合创始人）

有时，一顿美食就能达成厨师和食客的交流。沈小怡作为 DISC 双证班社群的联合创始人，对人的敏感度自然不在话下。在这本书里，每道美食都精心配有"NOTE"，细节的地方用心尽显。而开篇的文字更自然引导你带着情感先和食材交流，进而通过最后的成品感动食客。书中毫无保留给出的秘诀，让我们这些排几个月才能吃得上小怡私房菜的人，也有机会自己上手，也是一次自我交流。

林佩蓁（美食作家）

认识小怡是在一堂本帮菜烹饪课上，当时她教的就是书里头的酱鸽，那个好吃呀，至今想起来还是忍不住咽口水。后来，因为小怡懂吃，胃口和我一样也是极好的，于是我们成为到处寻访美食的探店搭档。每当吃到好滋味，小怡脸上都会浮现出幸福洋溢的表情。她对美食的热忱，总让身边的人想说："我想和你吃好多顿饭。"恭喜小怡新书出版！

战隼（知名自媒体 warfalcon 创始人、100 天行动发起人、时间管理专家）

非常惊喜地看到小怡把自己的厨房秘艺集结成书，书中的每道菜谱都记录着生活的味道，让人能感受到专注的力量和生活的温暖。期待这本有故事的菜谱让你的生活多些美好的经历。

高文麒（美食家）

小怡的新书，每一道菜的做法详尽仔细，记述生动细腻，在平实生活中呈现出美食美味的真谛，既是食谱，也是生活！

目录

Chapter **1**

儿时记忆

Chapter **2**

日常快手

Chapter 3

诚意家宴

Chapter 4

热闹节日

Chapter 5
因时而吃

Chapter 6
食养好味

Chapter 7

颜值最高

Chapter 8

网红美食

秋叶 ／ 推荐序 1

为生活增添美好的味道

　　我认识沈小怡的时候，她还没开始做小怡私房菜，那时她在上海金融圈做白领，工作轻松，收入很好，她也很爱学习。

　　一次培训结束后的饭局上，我们认识了，她像一个女主人一样招呼大家，殷勤体贴自然。

　　我当时就想，这个女孩子恐怕不是上海本地人。

　　这的确是我的偏见，过去我总觉得上海本地的女孩子不会这样懂分寸，然而小怡让我打破了偏见。

　　小怡爱上做菜背后有故事，我凑巧知道一点她这条路走出来的艰辛。

　　她一开始对于厨艺全然外行，从小到大都是吃妈妈的爱心美食，哪用自己动手。等嫁了人，开始学着为心爱的人准备美食，无意发现自己在厨艺上的天赋。果然是巴尔扎克的名言说得好：征服男人要通过他的胃。

　　做菜可能人人都得学，所以做得好尤其不易。小怡迷上厨艺后在上海到处拜师，还带着我去吃了不少好馆子，把我介绍给大厨，说我是网红，那时真没有想到小怡有一天做菜也能成为网红。

　　小怡后来在家尝试做私房菜，请我们去品尝过一次。味道当然很好，就是带着一个打下手的人，忙了两个多小时，把中餐吃成了法式大餐的节奏。

　　小怡问我怎样才能在餐饮行业做出影响力？我说前有文怡，后有小怡。你这么美，又年轻，时间是站在你这边的。

　　我劝她开微信公众号，有机会研究拍短视频，别人只会做菜，你懂传播美食，这就是 1+1 > 2。

　　一不做二不休，小怡带着相机开始了她的美食探店路，她写写写，我们帮忙敲敲边鼓，三年过去，她真的写出来了，现在微信公众号吸引一帮吃货，还被"一条""方太"邀请合作视频或节目。

　　小怡写美食，不是列菜谱，而是写她身边的人间烟火味。我喜欢看她的文章，每每读来都像看到自己的妹妹兴奋跑来和大家分享：我又发现了一个好吃的耶！

　　她的美食世界里有她的生活，有她对这个残酷世界的美好的温柔。

　　小怡对美食的坚持，背后是她对人生的信念：我只为生活增添美好的味道。

　　后来小怡问我能否把这些年积累的美食故事写成书，我说我举双手赞成，不会写我教你。她 2018 年初来我的写书私房课，问我书稿怎样，我把她留在武汉关了一周整理思路，然后我对她说，好好写，你这次遇到了好编辑，懂行。

　　好事多磨，一年为期，小怡从构思到出版，新书终于千呼万唤始出来。

　　我诚意和大家推荐这本书，让我们在阅读的过程中，享受为自己的生活增添一点美好的味道。

王老虎 / 推荐序 2

味到深处
即为家

我们，会一起吃很多很多顿饭。

因为，我爱你。

小怡妹妹要出一本新书，叫《好好吃饭好好爱》，想让老虎给她的新书写点东西，老虎才疏学浅，诚惶诚恐。

认识小怡有四五年了，2014年老虎带队去上海拍摄美食纪录片《搜鲜记》，小怡带着我们在上海拍摄，初印象中，小怡是一个总是浅笑吟吟的可爱的南方囡囡，人长得美，聪明伶俐，还做得一手好菜，这样的女子，怎能不让人喜欢？

后来虽然见面少了，不过我也一直关心着她的动态，看到小怡做了自己的私房菜小馆，还做了自己的美食自媒体，经常分享自己的美食心得，现在又要出版自己的美食书，很是为她高兴。

书名老虎就很喜欢，《好好吃饭好好爱》，想一想就美好。其实对于我们来说，想家的时候，我们想念的，是一炉炭火的温暖，一缕炊烟的牵挂，是一碗米饭的甘甜，一盘炒菜的香醇，更是一句回家吃饭的呼唤，我们走得越远，这声音越在耳边响起，我们的思念也越来越刻骨铭心……

每一个人的心中，都有一种味道，固执地存在于味蕾和记忆中，一辈子都不会改变，在这些最普通的食物、最家常的味道中，埋藏着我们最真挚最炽热的情感。它触动的不仅是味蕾，更多的是藏在其中的思念和回忆。道不清起始，却始终怀念。

　　我们的生活，不就是在和亲人、爱人、家人的一顿顿饭中，在光阴的流转中，度过的吗？关于家乡的思念、怀旧、想家的情绪，对亲人、爱人、家人的爱，不都是在一顿顿饭里，得到最温暖妥帖的安放吗？

　　爱是什么？

　　爱就是和你一起吃很多很多顿饭。

　　艾德里安·亨利这样写过：

　　什么是爱？

　　爱是冰冷冬夜送来的炸鱼薯条，

　　爱是满怀莫名的喜悦看你调皮撒娇。

　　什么是爱？

　　爱是芝麻绿豆的小事。

　　爱是每一个他记得你喜欢吃什么的时刻。

　　爱像变魔术。

　　它把这个时刻拉长，拉成了几十年。

　　一辈子。

　　爱你的人呀，一定会记得你爱吃什么。

　　爱你的人，一定会惦记着你的一切喜好，并心甘情愿地为你去做。

　　相爱的情人总会相遇，相亲的亲人总会相伴，味到深处即为家呀。

　　我们，会一起吃很多很多顿饭。

　　因为，我爱你。

　　是为序。

萧秋水 / 推荐序 3

我们在美食里品味幸福人生

《活好》一书中,105 岁的智者日野原重明先生说:"家庭就是一起围着吃饭。"

按照这个定义,我和小怡,妥妥的一家人。

认识小怡的时候,她还在金融行业工作。

多年来,我目睹了她的快速蜕变。

现代人普遍喜欢速食,对成长也是如此,然而小怡的快速背后,是高强度的学习和训练,是对自我的严格要求和对美食的执着追求。

我自己也是喜欢做饭的人,特别明白其中的艰辛,这并不是单凭兴趣就能支撑的事情。能够长期坚持做饭,往往是因为给他人做美食,看着别人吃得开心,内心油然而生的幸福感和成就感。

当年,每次去外婆家,都会被塞很多好吃的东西,我曾经开玩笑说,那是"喂猪式的爱"。如今,我并没能胖成猪,外婆却已去世多年。我有时会做外公、外婆、妈妈以前做给我吃的东西,在食物里,有着悠长的忆念。

吃,衍生了生命中无数美好的回忆。就像我每次回家乡曲阜,都一定要去街头的粥摊,要点羊肉泡进粥里,再加个撕碎的油条,特别是冬天,一碗粥下肚,暖洋洋的感觉,让人无比幸福。

吃,是人与人之间种下缘分的开始。我和很多人是如此,和小怡更是如此。

　　我其实是目睹了这本书面世的人。我和小怡在 2018 年年初的时候一起去武汉，在那里闭关写书。

　　白天各自忙碌，到了饭点儿，就一起出去觅食，我俩都喜欢附近一家店的番茄鱼、炸茄盒、干煸藕条，小怡还特意带我和秋叶、慧敏去吃鮨一。

　　回想起来，和小怡之间，真是有着太多的美食回忆，倍加温馨。

　　拥有一个精于美食的朋友是如此幸福，有时候，小怡会把自己卤好的牛肉，用真空包装，顺丰快递到深圳来。她发现的好食材，也经常会寄给我，我的读者们也受惠于她的推荐，放心、营养、好吃，可以说是小怡推荐的标签。

　　在这本书里，小怡分享了她在美食方面的心得和经验，让更多的人明白烹饪的意义，掌握烹饪的技能。当你动手时，你会发现，其实烹饪并不难。

　　我一直认为，懂得吃的人，不管水平高低，在这个人世里，都是给自己增添了很多乐趣。懂烹饪的人，会更明白人世的可贵，也不容易失去希望。吃，让人生丰盛。

　　就算是遇到再大的伤痛，只要还有胃口，还能吃得下东西，人就可以复原。

　　因为有美食，人间就值得来一趟。因为有小怡这样引导美好生活的人，生活就增添了很多幸福。

　　愿这本书不仅为你打开美食之门，更能导向幸福生活。

沈小怡 / 自序

好好吃饭，
是对生活最大的尊重

吃饭是简单的事情，因为每天一日三餐都要吃饭，填饱肚子就行。

吃饭又是不简单的事情，因为每天吃什么，一直是个世纪大难题。

有的人忙于工作，忘记吃饭的时间。

有的人只想着减肥，不敢吃想吃的食物。

有的人就爱吃垃圾食品，根本忘了健康这回事。

有的人边玩手机边应付吃饭，心思完全不在饭桌上。

有的人吃饭就像打仗，连扒带喝地吃完也不知道吃了什么。

……

而我曾经也是这样，不知道好好吃饭的意义在哪里。

2012 年 12 月 12 日，是个百年难遇的好日子。"12" 有 "要爱" 的谐音，据说这一天全球掀起了结婚潮。而我和老龚也在这一天领取了结婚证，原本以为幸福就这么开始了。但没有想到，人生总是充满了坎坷，即便是奔向幸福的路，也不是一帆风顺的。

12 月 16 日的凌晨，妈妈一个人在家里毫无征兆地睡了过去。我和爸爸发疯似的哭泣和呐喊，再也找

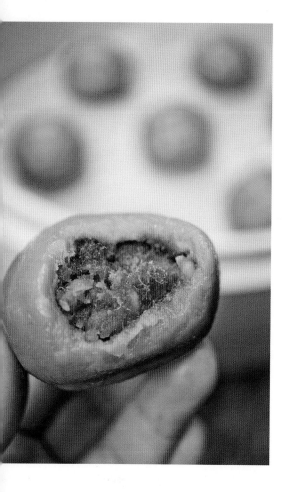

不到最爱我们的那个人，整个世界瞬间变得黑暗，就像一个无助的黑洞。有人说，这是乐极生悲，而我更愿意相信，这是老天给我开了一个善意的玩笑。

妈妈走后的第一个夜晚，特别黑特别冷，让人浑然忘记还有吃饭这件事。看着因为悲伤过度而神情有些呆滞的爸爸，还有因为操劳过度而略显疲态的老龚，我突然意识到无论如何，还是要好好吃饭。

在老龚的鼓励下，我开始走进厨房，尝试做每日的三餐。各种 App 成了我的启蒙老师，每做一道菜，我都要搜索，做一遍经常以失败告终，不是没烧熟就是味道咸了，但是我完全没有因此而打退堂鼓。因为我渴望家庭的温暖，所以才愿意去学习厨艺，去改变生活状态。正是因为内心深处对温暖的渴望，我慢慢把这份情愫带到食物中，触动到家人、朋友、宾客甚至我的学员，让他们也深刻感受到：好好吃饭，才是对生活最大的尊重。

生活，永远充满了无限的可能；运气，永远站在努力的这一边。

我从一名金融小资女，辞职成为家庭主妇，在厨房里发现自己的天赋和兴趣，成功创办了私人厨房"小怡私房菜"和"沈小怡"公众号，并从家里勇敢走出去，成为一名厨艺老师，不但在"方太生活家"线下教授，还在线上开办了"小怡的厨房"厨艺社群，和"一条美食台"合作拍摄烹饪视频，成为欣和集团的年签 KOL，多次登陆电视荧屏，并被邀请上了央视二套的《回家吃饭》节目。

一路走来，我交到了很多的朋友、帮助了很多的家庭，更是提升了自己的幸福感、改变了自己的命运。

如果回到报考高考志愿那时，估计怎么也想不到我居然会日后跨界从事美食的工作……

如果回到参加工作的第一天，估计怎么也想不到我居然会辞去一份干了 7 年的工作……

如果回到自学厨艺开始阶段，估计怎么也想不到我会依靠当初的那份勇气坚持下来……

如果回到开始写公众号那天，估计怎么也想不到我竟然可以依靠写作赚钱养活自己……

如果回到首次登上荧幕时候，估计怎么也想不到我有一天可以登陆 CCTV 教大家做菜……

太多的想不到，这大概就是人生。

站在时光的路口回望曾经，盘点每一份经历过的心情，我特别想写下点什么，和喜欢我的人分享其中的点点滴滴，以及这些年我做过的美食，希望看到这里的你也能收获更好的自己、朋友、健康和幸福。

— Chapter 1

儿时记忆

如今再也吃不到妈妈做的韭菜盒子了,但是妈妈说过的话,却经常回响在我的耳边:"韭菜盒子里除了盐和芝麻油,就不用再放其他的调味品了,最好的调味品就是爱。遇到美味,要懂得分享,把爱和快乐传递出去,才能得到更多的爱和快乐。"

人生真味不过平淡二字

　　小时候，每每临近过年，外婆家的楼道里就会垒起齐腰高的白菜堆。为了让白菜保持新鲜，外婆总是小心翼翼地用废纸把它们包裹起来。隔一段时间，还要挨个儿打开看看有没有烂掉的，然后再重新码放一遍。

　　那时候老百姓的日子普遍拮据，白菜凭其价廉物美自然就成了家家户户必备的蔬菜。外婆每次看我经过楼道，总要提醒再三，生怕我走路踩到白菜，但做起菜来却很舍得用，总是抓起大把大把的白菜往锅里扔："白菜营养丰富，小孩子多吃身体好，还能清热解毒。"

　　一大锅热气腾腾的白菜猪肉炖粉条端上桌，立时香气四溢。寒冷的冬日，全家人围坐在一起，你一筷我一筷，呲溜呲溜地抢着吃，那叫一个过瘾！

　　软绵香甜的白菜、肥而不腻的五花肉、筋道爽滑的粉条，三种食材搭配在一起简直就是绝配。平凡的白菜经过外婆的巧手烹饪，成了家人口中的极致美味，也唤醒了我们身体里对美好生活的渴望。

NOTE

1. 如果使用干粉条，粉条需要用温水才能完全泡发。用冷水泡不但不能充分泡发，还容易造成糊锅。用热水泡会欲速则不达，外表软烂里面坚硬。

2. 可以在白菜猪肉炖粉条里放一些猪油渣，能够增加油脂，让白菜和粉条更有肉味，猪油渣浸泡汤汁后也会更加软嫩。

3. 可以根据自己的口味添加不同的食材，比如香菇、豆腐等。

白菜猪肉炖粉条

参考分量 2~3 人份　　制作时间 20 分钟　　难易程度 ★★☆☆☆

用料
Ingredients

白菜 / 300 克

猪五花肉 / 150 克

粉条（湿）/ 250 克

调料
Seasoning

生姜 / 1 片　　干辣椒 / 3 个

大蒜 / 2 瓣　　生抽（酱油）/ 20 毫升

小葱 / 1 根　　油 / 适量

做法
Steps

1. 白菜洗净切块，梗叶分开；生姜切丝；大蒜切末；猪五花肉切片。

2. 热锅倒油，爆香姜丝、蒜末和干辣椒后，猪五花肉入锅中煸炒至出油，表面焦黄。

3. 白菜梗煸炒至变软，再放入白菜叶翻炒，倒入生抽翻炒均匀。

4. 倒入清水，没过白菜即可，粉条入锅，大火烧开，加盖，小火慢炖 20 分钟，炖至汤汁浓稠，撒葱花出锅。

绵绵的肉，满满的爱

在我们家，红烧狮子头是外公的拿手好菜。每到除夕的下午，外公就会一个人待在厨房里绵绵细细地剁肉，为年夜饭准备这道菜。

狮子头有清炖、清蒸和红烧三种做法，清炖狮子头，口感松软，肥而不腻；清蒸狮子头，口感咸鲜，肉质滑嫩；红烧狮子头，口感香甜，入味下饭。每种我都喜欢。外公总说，机器绞的肉没有自家剁的香，所以从来不肯偷懒。的确如此，虽然剁肉很累，但是手剁的肉馅做成的狮子头口感更松软，有入口即化的感觉，制作中也更能感受到为家人烹制美食的那种幸福。

狮子头，做起来并不难，但要做得好吃，着实要动点小功夫。肉馅最好是四分肥六分瘦，有时间的还是自己用刀剁更香，但也不能剁得太细，否则肉与肉之间没有了空隙，容易没有汁水。如果喜欢创新，还可以在狮子头里包裹一个新鲜的咸蛋黄，让狮子头变得与众不同。

做菜就像做人，要有自己的态度和想法。

NOTE

1. 猪夹心肉建议买四分肥六分瘦的，最好没有筋膜。

2. 葱姜水是用葱段和姜丝浸泡30分钟，挤压和过滤后的水。用葱姜水代替料酒、姜末、葱末等，不但可以去除肉腥味，还能去除颗粒口感。葱姜水一定要分批倒入，并且顺着一个方向搅拌肉糜，这样更容易上劲。

3. 两手交替摔打肉丸，可以震出肉丸中的空气，以免肉丸散开坍塌。

4. 油炸的时候，可以选用口径小、有深度的锅，这样不但省油，还炸得均匀。油炸的目的是为了定型，所以千万不要炸过头。

5. 在烫小青菜的水里滴油，可以使小青菜保持翠绿的颜色。

红烧咸蛋黄狮子头

参考分量 30~40 人份　制作时间 80 分钟　难易程度 ★ ★ ★ ☆ ☆

用料
Ingredients

猪夹心肉 / 2500 克

马蹄 / 300 克

油条 / 1 根

白馒头 / 1 个

鸡蛋 / 4 个

生咸蛋 / 50 个

小青菜 / 3 颗

开水或高汤 / 2000 毫升

油 / 适量

调料
Seasoning

定型狮子头：

葱姜水 / 20 毫升

盐 / 10 克

白砂糖 / 10 克

白胡椒粉 / 10 克

生抽（酱油）/ 20 毫升

老抽（酱油）/ 10 毫升

蚝油 / 20 毫升

蒸熟咸蛋黄：

白酒 / 10 毫升

红烧狮子头：

葱段 / 10 根

姜片 / 3 片

生抽（酱油）/ 100 毫升

老抽（酱油）/ 50 毫升

黄冰糖 / 80 克

做法
Steps

1. 猪夹心肉剁成肉糜；马蹄去皮剁碎；油条、白馒头切丁；小青菜清理洗净。

2. 生咸蛋敲碎，取蛋黄，在咸蛋黄里倒入白酒。锅里烧水，水开后把咸蛋黄放入，中火蒸 15 分钟。

3. 肉糜里分批倒入葱姜水，顺着一个方向搅拌。再打入鸡蛋，撒盐、白砂糖、白胡椒粉、生抽、老抽和蚝油，继续顺着一个方向搅拌。最后拌入切好的马蹄碎、油条丁和馒头丁，拌匀。

4. 拌好的肉糜按成饼状，再把冷透的咸蛋黄放到中间，收口裹紧，两只手交替把肉丸摔打三四次。

5. 热锅倒油，烧至表面微微冒烟。把肉丸放入锅里，中火炸至表面金黄，沥油捞出。

6. 锅里留有余油，放入葱段和姜片爆香，倒入稍多一些的开水或高汤烧开，再倒入生抽和老抽，撒入黄冰糖，放入炸好的咸蛋黄狮子头，大火烧开转小火，加盖炖煮 20 分钟左右，稍稍中火收汁。

7. 另拿一个干净的锅，加水烧开，滴入 2 滴油，放入小青菜烫熟，和咸蛋黄狮子头一起摆盘。

所有的美好，都值得被传承

除夕夜的年夜饭，对中国人而言，永远是一年之中最重要的一顿晚餐；对我们家而言，永远是一年之中最讲究的一顿晚餐。

爷爷在世时，家里的年夜饭都是由他一个人操办，荤菜素菜、热菜凉菜、汤煲点心，可以说是一应俱全。不但味道好、摆盘好，还要讨口彩、图吉利。

四喜烤麸便是必不可少的一道口彩菜，里面除了主料烤麸以外，还有香菇、黄花菜、黑木耳、花生米四味配料。这道菜可以说是我家餐桌上的常客，爷爷说："烤麸，靠夫，吃了烤麸，家里的男同胞在新的一年里都可以事业有成。"

于是，大家纷纷举筷，夹起烤麸就往嘴里送。我用力咬上一口，烤麸弹性十足，饱满的汤汁从烤麸的小孔里漫溢出来，吃口甜，回口咸，唇齿留香，回味无穷。

吃完一口烤麸，继续听爷爷眉开眼笑地解释他的那些口彩菜："蛋饺寓意金元宝、百叶包寓意如意卷、春卷寓意金条、年糕寓意节节高……"爷爷说一道，我们就吃一道。你一筷子我一筷子，此起彼伏热闹不已。

一道道的口彩菜，把我们从潦草琐碎的日常中拉出来，将无尽的心意和诚挚的祝福在一菜一碟里传递，更是大家对幸福生活的一种向往和期盼。

所有的美好，都值得被传承，哪怕它只是一道口彩菜。

NOTE

1. 手撕的烤麸比刀切的烤麸，更容易入味。

2. 烤麸用盐水焯水，并在水龙头底下多次冲洗挤压，反复操作更容易去除豆腥味。

3. 炸烤麸时，油量要多，油温要高，动作要快，烤麸外脆里嫩的状态最佳。

4. 焖煮烤麸时，添加的水以没过烤麸为准，如泡发香菇的水不够，可补充清水。泡发香菇的水过滤后入菜，自带鲜香味。

5. 一定要舍得放糖和酱油，而且得小火慢慢煮透，才能让烤麸吸满汤汁。

6. 花生用热盐水浸泡，可以方便去皮。花生米在摆盘时再放入，可以保持它的香脆口感。

四喜烤麸

参考
分量　3~4 人份　　制作
时间　40 分钟　　难易
程度　★ ★ ★ ★ ☆

用料
Ingredients

烤麸 / 200 克

干香菇 / 10 克

干黑木耳 / 3 克

黄花菜 / 25 克

花生米 / 10 克

调料
Seasoning

八角 / 1 颗

桂皮 / 1 段

黄冰糖 / 70 克

海鲜酱 / 15 毫升

生抽（酱油）/ 25 毫升

老抽（酱油）/ 15 毫升

蚝油 / 10 毫升

芝麻油 / 10 毫升

油 / 适量

盐 / 适量

做法
Steps

1. 干香菇、干黑木耳、黄花菜提前 2 小时用冷水泡发，清理洗净。香菇切块，黑木耳去蒂撕块，黄花菜去根打结，泡发干香菇的水过滤后留用；花生米用热盐水浸泡 3 分钟左右，剥皮沥干；烤麸用手撕成均匀的块状。

2. 将撕好的烤麸冷水入锅、撒盐，焯水，中火煮 2 分钟左右捞出，一边用水龙头冲洗，一边用手挤压烤麸里面的水分，反复操作 10 余次，沥干。

3. 锅里倒油，油量要多，热锅冷油先炸花生米，花生米炸至金黄色捞出；继续把油烧热，烧至表面微微冒烟，把烤麸放入锅里油炸，炸至表面金黄色捞出。

4. 倒出余油，锅里留有底油，爆香八角和桂皮。把烤麸、干香菇、黑木耳、黄花菜依次放入锅里，再倒入前面泡发干香菇的水，倒入生抽和老抽，撒入黄冰糖，加入海鲜酱，大火烧开后，转至小火，加盖焖煮20分钟左右。

5. 大火收汁，加入蚝油，淋入芝麻油，翻炒均匀后出锅，撒上花生米摆盘。

家人喜欢才是最好的味道

糖醋排骨，特别家常的一道菜，几乎是上海小囡从小吃到大的。但是同样一道菜，每家每户的做法并不一样。有人喜欢先油炸后裹汁，有人喜欢先焯水再焖酥，没有谁对谁错，毕竟口味一直都是很私人化的东西，能够做出家人喜欢吃的味道就算成功了。

小时候住在外公外婆家，每隔三五天就能闻到糖醋排骨的香味，这股酸酸甜甜的味道就像是一阵风，定期会吹来我家。浓郁的香气散落在屋子里的每个角落，空气里的每一寸仿佛都有酸甜分子在翩翩起舞。

有一次，我被这味道实在是馋到口水直流，冲出房间去"破案"，找寻香味的源头。原来是隔壁爷叔在烧糖醋排骨！为了散味，他还故意把房门打开，简直就是赤裸裸的诱惑。

爷叔看见我在他家门口晃悠，便盛了一小碗糖醋排骨给我解馋。这糖醋排骨看着就很有食欲，色泽红润油亮，口味酸甜鲜香。我最喜欢包裹在排骨上的糖醋汁，一点也不想浪费，一口一块吃得可香了，最后直接用舌头去把碗舔了个底朝天。

至今我还记得当时那股酸酸甜甜的味道，尤其是在没有食欲的日子，做一份糖醋排骨给老龚吃，再搭配一碗白米饭。老龚吃得心花怒放，我也乐在其中。和懂的人一起分享美食，才能让下厨这件事变得更快乐！

NOTE

1. 这道菜也可以选用猪小排，猪肋排相对硬骨少软骨多。

2. 陈醋一定要分两次放入，第一次放入的陈醋可以加速猪肋排的酥软，第二次放入的陈醋才是最后的调味。

3. 加水一定要加热水，否则冷水会让猪肋排烧不酥。

4. 大火收汁时，一定要注意翻动猪肋排，以免烧焦粘底，一锅尽毁。

5. 做这道菜还可以创新放几颗话梅提味。

糖醋排骨

参考分量 2~3 人份　制作时间 60 分钟　难易程度 ★ ★ ★ ☆ ☆

用料
Ingredients

猪肋排 / 500 克

调料
Seasoning

姜片 / 3 片	生抽（酱油）/ 20 毫升
葱 / 6 段	老抽（酱油）/ 10 毫升
料酒 / 10 毫升	黄冰糖 / 30 克
油 / 适量	陈醋 / 40 毫升

做法
Steps

1. 锅里放水，把猪肋排冷水入锅，水开后中火煮 2 分钟后关火，洗去血水和浮沫，沥干。将焯肋排的水过滤备用。

2. 热锅冷油，把姜片和葱段爆香，再把猪肋排放入锅里煸炒至微微发黄。

3. 把料酒、生抽、老抽、黄冰糖和一半的陈醋放入锅里，翻炒均匀。加入过滤好的肋排水，刚好没过肋排，煮开后转小火，盖上锅盖焖煮 40 分钟左右。

4. 用筷子戳一下猪肋排，戳得动就能大火收汁了。出锅前 5 分钟，把另一半的陈醋（20 克）沿锅壁均匀淋入锅里，翻炒均匀后，出锅摆盘，撒上葱花（1 段）即可。

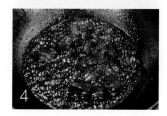

倾倒了时光，温暖了夜

小时候父母工作忙，所以我有很长一段时间是和外公外婆住在一起的"留守儿童"。外婆家在城隍庙附近，对面就是舅舅家。我常常等到 22 点以后溜出门，跟着舅舅舅妈出去深夜报（复）社（会）。

那时候的城隍庙周边，可以说是越夜越美丽。一过 22 点，所有的摊位都会准时出摊，烤鱿鱼、炸鸡腿、麻辣烫、烤羊肉串、炸臭豆腐、砂锅小馄饨……应有尽有，就像一座庞大的深夜食堂。

热闹的夜市里，有一家很特别，远远就能听到沉稳而有规律的"砰砰砰"的敲打声。那是老板娘在用辣酱油瓶子敲打猪排，"酱油瓶底部是凹进去的，这样敲出来的猪排口感更嫩。"老板娘又顺手拿来一块提前腌制好的猪排，放在倒满粗粒面包糠的脸盆里，用一个辣酱油瓶子的底部敲打，让面包糠忘我地和猪排融为一体，动作流畅娴熟。

然后把猪排投入到油锅里，油花翻腾跳跃，猪排在滚烫的热油里发出嘶啦嘶啦的响声，表面渐渐泛起金黄色，老板赶紧夹起，沥油出锅，哐哐哐切上几刀，就打包递给客人，一气呵成，还不忘提醒客人一句："先吃原味的，口味重的再蘸辣酱油。"

我是这家的常客，经常象征性地吹上两下，就心急火燎地咬下一口，好烫啊，可是越嚼越香，外脆里嫩，柔软多汁，腾腾热气和阵阵肉香迎面袭来，深夜饥饿的灵魂瞬间为之倾倒。

那种舒适随意的市井气，哪怕时光流逝，也难以忘怀。

NOTE

1. 建议挑选 1.5 厘米左右厚度的猪大排，带骨头带肥膘的猪大排更香，肥膘处切一刀，让其与肉分离，可以防止油炸过程中受热蜷缩。

2. 不要怕麻烦，一定要用手给猪大排进行充分按摩，这样才能让所有的味道都充分融入。把调味好的猪大排放入冰箱冷藏，除了保鲜，还能让猪大排更好地入味。

3. 裹面粉的时候，要用手抖落猪大排表面多余的面粉，只沾上薄薄的一层。

4. 喜欢味道浓郁的，炸猪排可以蘸取酸甜带辛的辣酱油，中和炸猪排的油腻感。

黄金炸猪排

参考分量 2~3 人份   制作时间 40 分钟   难易程度 ★ ★ ☆ ☆ ☆

用料
Ingredients

猪大排 / 400 克

调料
Seasoning

鸡蛋 / 4 个

面粉 / 100 克

粗粒面包糠 / 300 克

料酒 / 10 毫升

盐 / 5 克

油 / 适量

白砂糖 / 5 克

生抽（酱油）/ 20 毫升

生姜汁 / 5 毫升

蚝油 / 10 毫升

淀粉 / 3 克

做法
Steps

1. 猪大排洗净并沥干，用刀在肥膘的地方划一刀，让肥膘和肉分离，用刀背把猪大排的两面都敲松。

2. 把所有调料（不包括鸡蛋、面粉和面包糠）倒入一个大碗里拌匀，再把猪大排放入碗里，用手抓捏猪大排，给它做一个完美的按摩。盖上保鲜膜，把猪大排密封放入冰箱冷藏 30 分钟左右。

3. 把鸡蛋打匀，猪大排取出后，均匀地裹上鸡蛋液，再裹上一层面粉，再裹一层蛋液，裹一层面粉，然后再次裹蛋液，再放进装面包糠的盘里，均匀地裹上面糠，用辣酱油的瓶底去敲紧面包糠。

4. 锅要大，油要多，把油烧至表面微微冒烟，把猪大排放入锅里，转中小火油炸 3 分钟左右，炸至表面变成金黄色捞出，沥油切块装盘。

分着吃抢着吃才好吃

妈妈还在的时候，经常一个人站在厨房里忙碌，从早晨到夜晚，有时一站就是好几个小时，仿佛小小的厨房就是她的全世界。有时候，我起床起得早，就会去厨房偷偷张望，看看妈妈帮我准备了什么好吃的。

"啊，韭菜盒子！"

"你先去洗脸，等一会儿就可以吃啦！"

妈妈告诉我，韭菜盒子里的韭菜一定要鲜，熟过了就会有腐烂的味道。韭菜是拌馅的好东西，不需要太多的调味品，就能凸显它的鲜香味。可那时候，我哪管得了那么多呀，只知道妈妈做的韭菜盒子特别香，表皮金黄酥脆、内馅清香细嫩，皮薄馅多还不露馅，咬上一大口，整个口腔满满的韭菜香。

妈妈每次做韭菜盒子，都会做上几十个，我说："这可怎么吃得完啊？"妈妈说："小孩子家，懂什么呀！任何东西都是分着吃抢着吃才好吃，吃的就是个热闹。快把这些给你舅舅送去。"

如今再也吃不到妈妈做的韭菜盒子了，但是妈妈说过的话，却经常回响在我的耳边："韭菜盒子里除了盐和芝麻油，就不用再放其他的调味品了，最好的调味品就是爱。遇到美味，要懂得分享，把爱和快乐传递出去，才能得到更多的爱和快乐。"

NOTE

1. 烫面做的饼皮，柔软有韧性。

2. 提前淋芝麻油可以防止韭菜大量出水。如果喜欢，还可以用花椒油或者十三香粉来调味。

3. 放馅料的时候不要塞太满，否则不太容易捏合。捏花边是为了美观，不捏也是可以的。

韭菜盒子

参考分量 6~8 人份　制作时间 60 分钟　难易程度 ★★★☆☆

用料
Ingredients

韭菜 / 500 克

鸡蛋 / 4 个

粉丝 / 1 把

调料
Seasoning

盐 / 12 克

芝麻油 / 20 毫升

油 / 适量

虾皮 / 1 把

面粉 / 400 克

80℃热水 / 210 毫升

做法
Steps

1. 提前用温水把粉丝泡软，把 80℃ 左右的热水慢慢倒入面粉里，一边倒一边用筷子搅拌成絮状。

2. 用手把絮状的面粉揉成光滑的面团，然后把揉面的盆子倒扣，静置 20 分钟；韭菜洗净沥干，切成碎。鸡蛋加少许盐打匀。粉丝切成段。

3. 热锅冷油，先煸炒虾皮至变黄色，盛出；锅里再倒油，油热后，再把鸡蛋液倒入，炒成鸡蛋碎；关火，接着把虾皮、粉丝放入拌匀；最后把韭菜放入，并淋上芝麻油，撒入盐，拌匀。

4. 取出面团，用手再揉一会儿，揉至光滑，搓成长条，切成大小均匀的剂子。取一个剂子擀成中间厚旁边薄的圆形饼皮，放入拌好的韭菜鸡蛋虾皮粉丝馅料。

5. 两边合上，捏紧捏实，并捏出花边。

6. 平底锅倒油，油热后，依次放入一个个韭菜盒子。盖上锅盖，小火焖煎 2 分钟左右，翻面再煎，差不多两个来回后，两边全部均匀上色了，再把韭菜盒子竖起来煎一下出锅。

弄堂记忆里的人情味

弄堂，一直是上海这座城市的地标和回忆。

小时候，弄堂里可热闹了。经常有小贩进进出出，售卖各种小吃和杂货，还有收旧货和补器皿的，同时伴随着此起彼伏不标准的上海话叫卖声。住在弄堂里的我们，没有丝毫被叨扰的感觉，反而是享受到了生活的便利，走几步路就能买到吃的用的。

印象最深的就是茶叶蛋了。有一位驼背阿婆，总在我们放学的时候，推着手推车准时出现在弄堂里，像是一位每天都要见面的老朋友，亲切而慈祥。手推车上放着一个架着铝锅的老式煤球炉，里面咕嘟咕嘟翻滚着花纹各异的茶叶蛋。阿婆卖的茶叶蛋，有着好看的大理石纹路，从蛋壳就能看出茶叶蛋十分入味。她总喜欢挑蛋壳破破的茶叶蛋给我，我怪阿婆把长得不好看的茶叶蛋卖给我，阿婆说："小姑娘，这你就不懂了吧？茶叶蛋越破越好吃，不信你试试。"

扒开蛋壳，红茶的清香让我迫不及待地咬上一口，入口的除了茶香，还有酱油的咸香和鸡蛋的甜香。看我吃得那么满足，阿婆笑呵呵地对我说："吃慢点吃慢点，千万别噎着。"还会顺手递给我一块手帕，让我擦擦嘴角的酱油渍。

如今，远方来了朋友，我会特意带他们去上海的各种弄堂转悠，感受最平凡最常态的市井气息。想起阿婆做的茶叶蛋，它不是什么山珍海味，也说不上究竟好吃在哪里，大概是多了一味叫"人情味"的味道吧。

NOTE

1. 用勺子敲碎蛋壳，而不是敲破蛋壳哦，所以下手一定要轻，怕麻烦也可以用两个鸡蛋相互敲碎。

2. 如果想吃口感紧致一些的，可以延长第二次煮鸡蛋的时间。

3. 鸡蛋建议浸泡一整晚，可以让茶叶蛋更加入味。

4. 如果家里有卤荤菜的老卤，可以倒入汤汁一起煮鸡蛋，这样煮出来的鸡蛋会有肉香味哦。

茶叶蛋

参考分量 6~8 人份　制作时间 10 分钟　难易程度 ★★★☆☆

用料 Ingredients

鸡蛋 / 12 个

调料 Seasoning

红茶包 / 2 包

八角 / 1 颗

桂皮 / 1 段

香叶 / 1 片

草果 / 1 颗

白芷 / 2 片

肉蔻 / 2 颗

花椒 / 10 粒

生姜 / 2 片

黄冰糖 / 80 克

盐 / 20 克

老抽（酱油）/ 60 毫升

生抽（酱油）/ 20 毫升

做法 Steps

1. 常温状态下的鸡蛋，清洗干净，锅里放清水，冷水入锅，水要没过鸡蛋，中小火煮 5 分钟左右关火。

2. 煮好的鸡蛋用冷水冲凉，等鸡蛋不烫手了，用勺子轻轻敲碎蛋壳。

3. 重新烧一锅水，锅里放入除红茶包以外的所有调料，大火煮沸 3 分钟，再放入红茶包。再煮 2 分钟左右，把鸡蛋放入，一定要让汤汁没过鸡蛋，中小火再煮 5 分钟左右，关火浸泡鸡蛋。

你爱吃的，就都是我爱的

念大学那几年，我平时住在学校，周末回外公外婆家。

每个月5号，是外婆手头最宽裕的日子，因为那天是退休工人发退休工资的日子。那天外婆一定会起个大早，叫上外公一起去上海银行排队领取工资。家里人总是笑话外婆："干吗要去排队等，钱已经在工资卡上了，不会逃掉的。"可是外婆还是坚持己见："拿到手里的钱才算是钱，我们年纪大醒得早，闲着也是闲着，不如早点取早点用。"

每个月发了工资，外婆就会带我和表弟出去大吃一顿。当年可不像现在，有那么多的网红店，最有名就是"两只鸡"，一个是肯德基，一个是振鼎鸡。外婆偶尔会带我们去吃肯德基，但吃得最多的还是相对健康的振鼎鸡，也就是上海人爱吃的白斩鸡。

离外婆家最近的一家振鼎鸡开在福州路上。点单时，外婆总会问我们吃什么，我和表弟报完各自想吃的，外婆总说："好好好，都要都要，你们点的都是我爱吃的。"等了不一会儿，一盆皮黄肉嫩的白斩鸡上桌了，还有鸡心、鸡肫、鸡爪、鸡粥，我和表弟的筷子都是长眼睛的，争先恐后地把自己爱吃的部位夹到碗里吃。很快，我俩的骨碟里就堆满了骨头，而外婆的骨碟干净得就像没有用过似的。

每次吃鸡都是这样的场面，我也没在意过。后来才想到一个问题：外婆是不是不爱吃白斩鸡？我还特意问了妈妈，妈妈叹了口气，回答说："外婆哪是不爱吃白斩鸡呀，外婆只是更爱吃剩菜罢了。"

NOTE

1. 做白斩鸡一定要选用品质好的鐵鸡（阉鸡，肉质会更加鲜嫩）或三黄鸡，鸡的净重在1000克左右最佳，当然鐵鸡的个头会比三黄鸡大很多。

2. 可以根据鸡的大小来调整焖煮时间，最厚的大腿部位能够用筷子戳透并且没有血水就可以了。

3. 过冰水这一步很重要，可以使白斩鸡皮滑肉嫩。

4. 鸡内脏和鸡爪难熟，可单独煮15分钟左右。

5. 白斩鸡切块，建议用砍刀，下刀要快准狠，才能把鸡斩得整齐。

6. 蘸料可以根据自己的口味和喜好来调配。

白斩鸡

 参考分量　5~6 人份　 制作时间　30 分钟　难易程度　★★★☆☆

用料
Ingredients

三黄鸡 / 1 只

调料
Seasoning

小葱 / 6 根

生姜 / 4 片

料酒 / 20 毫升

蒸鱼豉油 / 40 毫升

白砂糖 / 10 克

葱油 / 10 毫升

香菜 / 2 根

做法
Steps

1. 提前冷藏一盆冰水（建议用纯净水），把整只鸡洗净备用，锅里烧水，放入葱结和姜片。

2. 水烧开后倒入料酒，拎着鸡头鸡脖，把整只鸡放入锅里，一上一下来回三次，然后把鸡扔进锅里，继续大火，开盖煮 2 分钟左右，关火。

3. 盖上盖子，把鸡焖在锅里 15 分钟左右，时间到后，把鸡捞出放进准备好的冰水里。

4. 等鸡完全冷却后，切块摆盘，在鸡身上涂抹葱油增色，放几根香菜点缀。

5. 调配蘸料：过滤后的鸡汤、蒸鱼豉油、白砂糖、姜末（1 片）、葱花（1 根），还可以淋上几滴葱油。

Chapter 2

日常快手

"我给的克数只是参考,你家的厨房你才是老大,你完全可以按照自己的想法和家人的口味来做菜,就像我们的生活,千万不能千篇一律,没有固定的公式,只有独一无二的好味道。"

酸酸甜甜，恰似爱情

特朗普就任美国总统后首次访华，众多吃货对美国总统在地大物博的中国吃什么十分好奇。恰好小米创始人雷军在微博上晒出了国宴的菜单，满足了一众吃货的好奇心。

通常来说，国宴的菜单设置会考虑来宾的口味、年龄和健康状况，能够上国宴菜单的菜品一定是高大上中的佼佼者。没想到大家眼中最普通的川菜宫保鸡丁，不但能够荣登国宴，更是深受外国人的欢迎。

相传，宫保鸡丁是清朝光绪年间的四川总督丁宝桢所创，是他张罗家宴时命令家厨制作的菜肴。丁宝桢后来被封为东宫少保（太子少保），所以被称为"丁宫保"，而这道菜也被称作"宫保鸡丁"，后来被世人广泛流传。

宫保鸡丁，主料一般会选用鸡胸脯肉，讲究一些的可以选用带皮的鸡腿肉，再配以辣椒、花椒、大葱和花生米等配料炒制而成，其中最关键的是调味的那碗酱汁，糖、醋、生抽、老抽、盐、淀粉、水的比例为 1 : 2 : 1 : 0.5 : 0.5 : 1 : 1。

有了这碗神奇的酱汁，做出来的宫保鸡丁酸甜适中、软嫩可口，除了一阵辣香，更是入口甜、回口酸。自己在家也能做大厨，绝对不输外面的川菜师傅哦。配米饭的时候，一碗接着一碗，根本停不下来。

NOTE

1. 爽滑脆嫩的鸡腿肉比寡淡干柴的鸡胸脯肉更适合这道菜。

2. 炒制这道菜的时候，一定要全程大火、一气呵成，所以提前调好酱汁是很有必要的。

宫保鸡丁

参考分量 2~3 人份　制作时间 40 分钟　难易程度 ★★★☆☆

用料
Ingredients

带皮鸡腿 / 1 只

调料
Seasoning

花生米 / 20 克

大葱 / 100 克

干辣椒 / 8 个

生姜 / 3 片

大蒜 / 3 瓣

花椒粒 / 20 粒

料酒 / 10 毫升

生抽（酱油）/ 20 毫升

老抽（酱油）/ 5 毫升

白砂糖 / 10 克

陈醋 / 20 毫升

盐 / 5 克

淀粉 / 13 克

水 / 10 毫升

油 / 适量

做法
Steps

1. 大葱和干辣椒切段，生姜片切丝，大蒜切片。鸡腿洗净，利用刀和剪刀去骨，切成小丁。

2. 用生抽（10 毫升）、料酒、淀粉（3 克）把鸡腿肉码味腌制 30 分钟左右。

3. 热锅冷油，用小火把花生米炸至金黄色盛出。

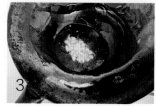

4. 按照比例调制酱汁，白砂糖、醋、生抽（10毫升）、老抽、盐、淀粉（10克）、水的比例为1:2:1:0.5:0.5:1:1，不用全部倒入，可以按照鸡肉的量决定倒入多少。

5. 锅里倒油，把干辣椒段和花椒粒放入锅里爆香，再放入腌制好的鸡腿肉炒至断生，放入大葱段、生姜片、大蒜片炒香。

6. 倒入酱汁炒至水分基本收干，最后放入花生米装盘。

浓油赤酱的精彩纷呈

一提到猪肝，有人对它爱不释口，恨不得天天吃猪肝；有人对它敬而远之，看到它就想到高脂肪高胆固醇。虽然说猪肝是不值钱的猪下水，但也是一个营养宝库。只要吃得合理吃得适量，对身体还是很有好处的，有补肝明目养血的功效。

猪肝有粉肝、面肝、麻肝、石肝、病死猪肝、灌水猪肝之分。粉肝、面肝为上乘，质地柔滑有光泽，用手触摸 QQ 的像果冻，没有黏液。粉肝色如鸡肝，面肝色为赭红。中间两种次之，后两种是劣质品。粉肝适合白切的做法，面肝适合爆炒的做法。

曾经在上海的明记海岸餐厅吃过一道南煎猪肝，这道闽菜让我印象深刻。他家的猪肝不但块头大，厚度也不薄。"南"字在福建话里谐音"两"，做这道菜需要两次烹饪，第一次热锅冷油煎猪肝，第二次才是正常的调味炒猪肝。这样做出来的猪肝，滑嫩中还略带一些粉脆，不但没有一点的腥味，而且香嫩多汁，一口上瘾，搭配的藕片和蒜薹也是非常入味，以至于有一阵子，每个月"家里亲戚"走后我都会去那里吃一盘补血。

自己在家里做猪肝，若是处理得不好，咬起来就像啃泥巴，让人顿时没了再咬一口的兴趣；若是处理得好，咬起来丰腴嫩滑，让人一膏馋吻，终生难忘。天下无难事，只怕有心人。没有烧不好的菜，只有不愿意用心烧菜的人。若是花些小心思，猪肝也能变成美妙之物。

NOTE

1. 把猪肝放入加了白醋的冷水中浸泡，不但可以去除猪肝的腥味，还能排出猪肝的血水和毒素。

2. 爆炒猪肝，一定要动作快，以免猪肝被炒老。

3. 食用猪肝的同时最好搭配一些绿色蔬菜。

酱爆猪肝

参考分量 2~3 人份　　制作时间 30 分钟　　难易程度 ★★★☆☆

用料
Ingredients

猪肝 / 250 克

调料
Seasoning

白醋 / 20 毫升

洋葱 / 35 克

红椒 / 35 克

青椒 / 35 克

盐 / 2 克

生抽（酱油） / 20 毫升

老抽（酱油） / 10 毫升

白砂糖 / 13 克

料酒 / 10 毫升

淀粉 / 3 克

生姜汁 / 5 毫升

蚝油 / 5 毫升

油 / 适量

做法
Steps

1. 猪肝清水洗净，放入加了白醋的冷水中浸泡 30 分钟后，再用水彻底冲洗干净。刀片呈 50° 角左右，把猪肝切成 0.5 厘米左右的薄片，切好以后再放入清水里反复淘洗，直到血水越来越淡。

2. 把盐、白砂糖（3 克）、生抽（10 毫升）、料酒、生姜汁、蚝油、淀粉拌匀，用来腌制猪肝，腌匀后滴上 2 滴油，覆上保鲜膜放冰箱冷藏 30 分钟以上。

3. 把洋葱、红椒、青椒切成块状。锅里热油，烧至表面微微冒烟，把洋葱、红椒、青椒放入锅里煸炒至断生。

4. 锅里倒油，油稍许多些，待油烧至表面微微冒烟，把猪肝从浆汁中捞出沥干，放入锅里爆炒，倒入生抽（10 毫升）、老抽，撒入白砂糖（10 克），翻炒均匀后，再把洋葱、红椒、青椒放入拌匀即可出锅。

回锅一碗生活之味

对于肥肉，我打小充满了恐惧，因为在我的脑海里，肥肉就等于肥胖。所以，谁要是让我吃肥肉，我就和谁急，真的是提肥色变的那种程度，任凭别人使尽各种威逼利诱的办法，我都不能接受一丁点的肥肉。

直到有一次，在北京一家叫"天下盐"的餐厅里，大概是饿了的关系，我竟然稀里糊涂地就着青蒜和米饭吃了一片回锅肉，瞬间颠覆了我苦心经营的幼稚饮食观。

半肥半瘦的片状五花肉，亮晶晶油汪汪，经过回锅后的煸炒，全部蜷缩成灯盏窝状，仿佛可以盛得住一窝油。仔细看，肥肉晶莹剔透，瘦肉毫无违和感地镶嵌其中，泛着金黄色的烧炙痕迹，夹一块放到灯光底下，简直就是美翻了。段状的红皮青蒜，表皮微皱微焦，自带天然蒜香，吸收了五花肉的油脂，由内而外地溢出油润通透的光泽。吃一口，就是香。再吃一口，半碗米饭没了。米饭就着回锅肉一起涌向深不可测的胃，用四川话来形容，那绝对是很巴适的一餐。

一块煮熟的五花肉切片后再下锅炒制，竟然有化腐朽为神奇的魔力。我想，最厉害的大概不是上等的食材和精湛的手艺，而是那一盘回锅肉让我吃出了生活的味道。

有时候，我们的生活会静寂得犹如一潭死水，但只要我们学会了回锅，赋予它新的色彩和活力，那么生活又会变得生动活泼起来。就像这回锅肉，从死气沉沉到香气四溢，就差这一次回锅。

NOTE

1. 五花肉热水入锅，可以锁住水分，吃起来口感更加润泽。放进冰箱冷冻，有利于切片成形。

2. 锅里的油可以少倒一些，毕竟五花肉小火煸炒后会溢出很多油脂。煸炒五花肉一定要小火慢慢煸炒，耐心耐心再耐心！

3. 郫县豆瓣酱一定要剁碎后再用，容易出味。

4. 青蒜的蒜白部分一定要用刀拍扁以及斜着切，否则不太容易炒熟和入味。

回锅肉

参考分量 6~8 人份　制作时间 60 分钟　难易程度 ★★★☆☆

用料
Ingredients

五花肉 / 200 克

青蒜 / 400 克

调料
Seasoning

花椒粒 / 10 克　　生抽（酱油）/ 10 毫升

油 / 适量　　　　生姜 / 3 片

郫县豆瓣酱 / 20 克

做法
Steps

1. 锅里烧水，放入生姜，水开后放入五花肉，煮至七八成熟，用筷子戳一下没有血水即可。

2. 捞出，用清水冲洗后，放入冰箱冷冻 5 分钟左右，拿出切片，每片大约 3 毫米的厚度。

3. 青蒜的蒜白部分需要用刀拍扁，然后用刀把蒜白蒜叶斜着切成段，再把郫县豆瓣酱剁碎剁细。

4. 热锅冷油，锅里倒一点点的油，用手感受一下油温，
   油热后把五花肉放入锅里，开小火慢慢煸至五花肉表
   面蜷缩金黄，而且有大量油脂溢出即可。

5. 放入剁碎的郫县豆瓣酱，煸炒至出红油，再把花椒粒
   放入锅里爆香。

6. 放入蒜白煸炒片刻，锅里倒入生抽提味，最后放入蒜
   叶煸炒至断生即可。

又香又闲的午餐时光

　　盐焗鸡的美味，还得归功于客家人这个特殊的族群和他们特殊的历史。相传，因为战乱和饥荒，客家人的祖先从中原腹地出发，开始大规模的南迁，在漫长而艰辛的旅途中，他们宰杀家里的活禽，放入盐包中，以便储存和携带。这样做，不但可以解决原料的匮乏，还能滋补身体。这种高度依赖于盐的饮食习惯，也成为客家人的味觉习惯，一代一代流传下来。

　　"焗"是广东方言，有烤的意思，这种方法可以牢牢锁住食材的香味。利用大颗粒海盐的疏松结构，能充分吸收鸡肉散发出来的水分。传统的客家做法，是先将生姜和小葱塞入鸡的身体里，用砂纸把鸡包裹严实，再在锅里把海盐炒热，炒到盐的水蒸气挥发，把炒热的海盐倒入瓦煲里，把包好砂纸的鸡埋在炒热的海盐里，开火，在温度与盐的共同作用下，把鸡慢慢焗熟。这样做法焗出来的鸡，色泽微黄，皮脆肉嫩，原汁原味，骨肉鲜香。

　　后来，盐焗鸡开始家喻户晓，成为每位客家妇女都能烹饪的拿手菜肴。为了方便烹饪，人们不断改良创新，有盐焗法、水焗法、汽焗法……而普通百姓家里，由于家里条件有限，便发明出了一种懒人烹饪法，即用每家每户都有的电饭煲来烹饪盐焗鸡，简单方便易操作，想要失败都很难呢。

NOTE

1. 时间允许的话，可以提前把鸡腌制过夜，这样会更加入味。

2. 电饭煲里不用涂抹很多的油，因为在后面煮的过程中，鸡自身会溢出很多油脂。

3. 由于每个电饭煲的功率不同，一次如果煮不熟可以再煮一次，

4. 煮的过程完全不用担心火候和时间，更不用担心鸡皮会焦，完全可以不闻不问。

盐焗鸡

(参考分量) 2~3 人份　(制作时间) 40 分钟　(难易程度) ★★☆☆☆

用料
Ingredients

嫩鸡 / 1 只

调料
Seasoning

生姜 / 5 片

小葱 / 10 段

芝麻油 / 20 毫升

盐焗鸡粉 / 1 包

盐 / 5 克

油 / 适量

做法
Steps

1. 把鸡洗干净，可以用淘米水浸泡 30 分钟左右，去除血水，再用清水冲洗干净，沥干水分。在鸡的里里外外都均匀涂抹上盐焗鸡粉，腌制 5 小时以上。

2. 在电饭煲锅底抹上薄薄的一层油，均匀地铺上生姜和小葱。

3. 把腌制好的鸡放入电饭煲里，也就是生姜和小葱上面，按下煮饭键就可以了。叮……电饭煲提示煮饭完毕，可以开盖用筷子戳一下最厚的鸡腿部分，如果没有血水渗出，就可以了。如果有血水渗出，可以再来一次煮饭过程。

4. 调制蘸料，把芝麻油、油、盐焗鸡粉、盐拌匀。最后把盐焗鸡去骨撕成小块摆盘即可。

在茶餐厅吃出不拘一格的家常味

　　我家门口有一条马路，不是很长，但是很有味道。因为马路两旁美食云集，小到只有十几平方米的奶茶铺，大到两开间门面的东北菜，每当我走在这条马路上，心里总有说不出的惬意，感觉空气中弥漫着一种令人馋涎欲滴的香味。

　　在这附近住久了，几乎所有的餐厅，我和老龚都去吃过，但能够让我们一直光顾的只有一家港式茶餐厅。这家餐厅的滑蛋虾仁做得相当地道，嫩滑的鸡蛋加上脆嫩的虾仁，色彩艳丽、营养丰富，看着就觉得很有食欲。

　　每次我俩光顾都是一人一份滑蛋虾仁一碗饭，嫌筷子一次只能夹一个太费事，直接就端起盘子往碗里倒，就着脆嫩的虾仁和顺滑的鸡蛋一起拌饭，实在是鲜美至极。一碗堆尖的白米饭，唰唰几下就见底了。我们妥妥地把茶餐厅的炒菜吃成盖浇饭，引来服务员行注目礼。

　　后来吃得多了，我也会自己研究摸索。原来美味的滑蛋虾仁不是煎出来的，而是滑出来的。鸡蛋液入锅后炒制，火候和时间要掌握好，如果炒得太老就变成了炒鸡蛋，如果炒得太嫩鸡蛋又成不了形，出锅盛盘一定要是那种嫩嫩滑滑的状态才对。

　　这道看起来很经典的港式炒菜，只要食材足够新鲜，怎么做都不会难吃。但是要做到虾脆蛋滑，还是需要用实践来换经验的。

NOTE

1. 虾仁可以用现剥的虾仁，也可以用冰冻的虾仁。一定要用厨房纸巾擦干水，再腌制。

2. 加入淀粉水，可以使得蛋液更加嫩滑。

3. 蛋液稍稍凝结出锅，可以利用锅里的余温继续加热蛋液，否则等蛋液完全凝结再关火，鸡蛋就老了。

滑蛋虾仁

参考分量 2~3 人份　制作时间 10 分钟　难易程度 ★★☆☆☆

用料
Ingredients

虾仁 / 50 克

鸡蛋 / 3 个

调料
Seasoning

盐 / 2 克

白胡椒粉 / 3 克

小葱 / 1 根

淀粉水 / 10 毫升

油 / 10 毫升

做法
Steps

1. 虾仁洗净沥干，用厨房纸巾擦干水，撒盐、白胡椒粉，腌制 15 分钟。

2. 在碗中磕入鸡蛋，撒上盐、葱花，在蛋液里倒入淀粉水，顺着一个方向打匀。

3. 把虾仁在沸水中焯烫至半熟捞出，马上扔进蛋液中。

4. 锅里倒油，大火，把油烧至表面微微冒烟，倒入放了虾仁的蛋液，快速翻炒，等蛋液稍稍凝结就马上关火，然后轻轻推动蛋液，用锅的余温把蛋炒成啫喱状出锅。

辣么妙不可言

豆腐，是日常生活中最常见的豆制品。有南、北豆腐之分，南豆腐用石膏点制，凝固的豆腐花含水量较高而质地细嫩，水分含量在 90% 左右；北豆腐多用卤水或酸浆点制，凝固的豆腐花含水量较少，质地较南豆腐老，水分含量在 85% 左右，但是由于含水量更少故而豆腐味更浓，质地更韧，也较容易烹饪。

豆腐最简单的做法就是凉拌，买回来就能按照自己的喜好凉拌，还可以用来烧，分为油煎和非油煎两种。

在非油煎的豆腐里，麻婆豆腐可以算是翘楚了。相传，麻婆豆腐始创于清朝同治元年，有一家专门卖烧豆腐的店面，老板娘满脸雀斑，所以大家称呼她为"陈麻婆"。陈麻婆有一套独特的豆腐烹饪技巧，做出来的豆腐色香味俱全，深受众人的喜爱，渐渐地广为流传，她做的豆腐也被称为"陈麻婆豆腐"。

最会吃豆腐的汪曾祺老先生曾说："做麻婆豆腐的要领是：一要油多，二要用牛肉末。我曾做过多次麻婆豆腐，都不是那个味儿。后来才知道我用的是瘦猪肉末。牛肉末不能用猪肉末代替。三是要用郫县豆瓣。豆瓣须剁碎。四是要用文火，待汤汁渐渐收入豆腐才起锅。五是起锅时要撒一层川花椒，即名为'大红袍'者。用山西、河北花椒，味道即差。六是盛出就吃。如果正在喝酒说话，应该把说话的嘴腾出来。麻婆豆腐必须是：麻、辣、烫。"

别看麻婆豆腐食材成本低廉，但它依靠口感独特、麻辣鲜香、爽滑下饭，竟还远渡重洋，在世界各地落户，从一味家常小菜登上大雅之堂，成了一道无人不知的世界名菜。

这些年，我身边有一位神奇的人物，也是我的成长路上的贵人，别人都喜欢叫他秋叶大叔，而我总喜欢亲切地叫他秋叶哥哥。他曾经写过一篇文章《如何才能把一件事情做到极致？》，里面提到他问过我的一个问题，如何挑选豆腐？我说，一看颜色，优质豆腐呈均匀的乳白色或淡黄色，而且有光泽；二摸表面，优质豆腐块形完整，质地细嫩，结构均匀，富有一定的弹性；三闻气味，优质豆腐具有豆腐特有的香味；四嚼味道，优质豆腐口感细腻鲜嫩、纯正清香；五豆腐属于高蛋白质食品，要到有良好冷藏设备的场所选购；六传统豆腐很容易腐坏，最好当天购买当天食用。

你们别以为秋叶哥哥真的是要去买豆腐，他想说的是把生活中的每一件小事都做到极致，其实都大有学问。他说我的私房菜能够越做越好，这个世界其实还是蛮公平的。当时文章刚一发布，秋叶哥哥赶紧私信我去留言，我留的言是："做好眼前的每一件小事，是对生活也是对自己的一种忠诚。可别小看了吃这件事，要把它做到极致还真不容易呢。"别以为秋叶哥哥真的是要我去留言，他的回复就是行走的小广告，让大家都去关注我的公众号。

从小问题到长文章再到真广告，秋叶哥哥身体力行诠释了：如何才能把一件事情做到极致！

NOTE

1. 牛肉末要肥瘦相宜，提前腌制更入味。

2. 豆腐要挑选嫩一些的豆腐，在沸腾的淡盐水中焯烫，可以去除豆腥味，让豆腐不容易破碎。

3. 郫县豆瓣酱剁碎以后更容易出味，炒制郫县豆瓣酱要用小火，炒出香味和红油。

4. 淀粉水要分两次勾芡，防止豆腐吐水。

麻婆豆腐

参考分量 2~3 人份　制作时间 20 分钟　难易程度 ★★☆☆☆

用料
Ingredients

嫩豆腐 1 盒

牛肉末 / 35 克

调料
Seasoning

料酒 / 5 毫升

盐 / 4 克

白砂糖 / 3 克

郫县豆瓣酱 / 35 克

花椒粒 / 10 颗

辣椒粉 / 3 克

花椒粉 / 3 克

胡椒粉 / 3 克

水淀粉 / 5 克

青蒜 / 1 根

油 / 适量

做法
Steps

1. 把郫县豆瓣酱剁碎，用料酒、盐和白砂糖腌制牛肉末。

2. 豆腐划刀，放入加了盐的沸水中焯烫一下，马上捞出用清水浸泡。

3. 锅里倒油，把油烧至表面微微冒烟，倒入牛肉末炒熟盛出。

4. 锅里留有余油，放入郫县豆瓣酱炒出红油，倒入小半
　　碗水，再放入花椒粒、辣椒粉、胡椒粉、盐（1克），
　　大火煮开，加入牛肉末。

5. 把豆腐放入，中火煮开，分两次倒入淀粉水，推拌均
　　匀，出锅，撒上花椒粉和葱花即可。

最好的食物，慰藉不开心的胃

还在念大学的时候，我经常和同学们去学校附近的小馆子吃饭，进门入座，老板不会主动给我们菜单，而是笑着问："老样子？"我们会心地点点头。一份鱼香肉丝8元钱，可以下饭，可以果腹，不但温暖，而且畅快。尤其是天寒易饿的时节，来一盘热乎乎的鱼香肉丝，就能下饭两三碗。

后来看到红遍全国的美食纪录片《舌尖上的中国》的总导演陈晓卿在一次采访里说起，1982年到北京上大学，家里每个月只给15块钱生活费，就这样他都会努力挤出两块钱，和同学搭伙找个地方打牙祭。常去的一处是四川饭店，那时候的鱼香肉丝一份7毛钱，很是解馋。最好吃的食物，就是能够让你心灵得到慰藉的食物。

还听说过一个笑话，有人在一家饭店吃饭，点了一道鱼香肉丝，好不容易等到上菜了，却发现菜里根本没有鱼，和店家吵得面红耳赤。问题是，为什么鱼香肉丝里面没有鱼呢？鱼香其实是一种味道，并不来自鱼，而是葱、姜、蒜、糖、醋、酱油和泡椒7种调料调制而成，咸甜酸辣必备，葱香蒜香浓郁。鱼香肉丝讲究见油不见汤，调味必须拿捏得当，炒制的时候还要火候要大、锅气要足，这样才能炒出一盘既鲜活又生动的鱼香肉丝。

NOTE

1. 把郫县豆瓣酱剁碎更加容易出味。

2. 冬笋焯水可以去除涩味。

3. 提前调好酱汁，可以提高做菜的效率，让锅里的食材不容易变老。

鱼香肉丝

参考分量 2~3 人份　制作时间 20 分钟　难易程度 ★ ★ ☆ ☆ ☆

用料
Ingredients

里脊肉丝 / 100 克

黑木耳丝 / 80 克

胡萝卜丝 / 80 克

冬笋丝 / 100 克

调料
Seasoning

姜末 / 10 克

蒜末 / 10 克

淀粉 / 5 克

白砂糖 / 20 克

盐 / 5 克

醋 / 20 毫升

泡椒 / 10 克

郫县豆瓣酱 / 30 克

生抽（酱油） / 20 毫升

料酒 / 10 毫升

白胡椒粉 / 2 克

水淀粉 / 5 毫升

葱花 / 2 克

油 / 适量

做法
Steps

1. 用盐、白砂糖（5 克）、料酒、生抽（10 毫升）、白胡椒粉和淀粉抓匀腌制里脊肉丝，把郫县豆瓣酱剁碎。

2. 调制酱汁：醋、白砂糖（15 克）、生抽（10 毫升）和水淀粉的比例为 4 : 3 : 2 : 1。

3. 热锅倒油，用手感受一下油温，油热后倒入肉丝煸炒至变色盛出。

4. 锅里余油烧热，先把郫县豆瓣酱煸炒至出油，再把姜末、蒜末放入锅里煸炒出香味，接着把黑木耳丝、胡萝卜丝、冬笋丝一起倒入煸炒，然后把里脊肉丝、泡椒倒入翻炒均匀。

5. 最后把调制好的酱汁倒入锅里翻炒均匀出锅，撒上葱花点缀。

好事即使多磨也还是好事

曾经有一段时间，鸳鸯鱼头在上海特别流行，差点成了网红菜品。每次我和爸妈或者同事朋友去餐厅，都会点上一道鸳鸯鱼头，一道菜大概 100 元不到的价格，但是餐具特别大鱼头也很大，红色绿色的剁椒酱十分诱人，一看就能撩到我的味蕾。啃完鱼头，还能用剩下的汤汁和剁辣椒酱拌面条来吃，当然面条也是可以选择的，一种是普通的面条，一种是用鱼肉做的面条。所以，通常 2~3 人一起用餐的话，点一份鸳鸯鱼头再来一份蔬菜，以及每人一碗米饭，就能轻松解决一餐了。

但是，外面的饭菜再好吃，终究感觉缺少了点什么。于是，我就开始研究起鸳鸯鱼头的做法。食材不难买，一般菜场里都有卖新鲜活杀的花鲢鱼头。调料也不难找，在万能的淘宝上尝试了好几种剁椒酱，终于找到了一款湖南的双色剁椒酱特别适合。原本以为这样就够了，没想到最小的花鲢鱼头一般也要 2 斤左右，家里正常的餐盘根本装不下，只能去采购能够平铺一整只鱼头的餐盘。鱼头有了调料有了餐盘也有了，就等上锅蒸了。捂脸，家里所有的锅具都放不下这个大号餐盘，只能再去采购大号锅具，真的是好事多磨，一波三折才能吃到鸳鸯鱼头。

家里没有人来人往的氛围，也没有火燎烟熏的味道，但是这份过程中的快乐也只有下厨的人才能体会了。一份热气腾腾、色彩艳丽的鸳鸯鱼头上桌，再打开电视机，倒上一杯饮料，和自己心爱的人一起享受自己的劳动成果，也是一件相当惬意的事情了。

NOTE

1. 鱼头建议买新鲜活杀的花鲢鱼鱼头，鱼鳃、鱼齿、黑色薄膜、红色残留物一定要去除，否则会影响鱼头的口感；清洗后在鱼身上划几刀，不但可以缩短把鱼蒸熟的时间，还能让鱼头更加入味。

2. 提前把青剁椒酱和红剁椒酱炒制一下，可以让它们更香。

3. 在鱼头下面垫上筷子，不但可以防止鱼头粘底，还能架空鱼身，缩短把鱼蒸熟的时间。

4. 剁椒酱我推荐湖南产的"贺福记"，自然发酵，酱香浓郁，使用简单。

鸳鸯鱼头

参考分量 3~4 人份　制作时间 40 分钟　难易程度 ★ ★ ★ ☆ ☆

用料
Ingredients

鱼头 / 1000 克

面适量

调料
Seasoning

洋葱 / 6 片

小葱 / 6 段

生姜 / 4 片

红剁椒酱 / 20 克

青剁椒酱 / 20 克

盐 / 10 克

白砂糖 / 5 克

料酒 / 30 毫升

蒸鱼豉油 / 45 毫升

油 / 适量

做法
Steps

1. 鱼头可以让摊主帮忙劈开，拿回家清洗干净，尤其要注意要去除鱼鳃、鱼齿、黑色薄膜、红色残留物；在鱼身部分平行切开几刀。

2. 把葱姜拍扁，加入盐、白砂糖和料酒，用手使劲抓，让葱姜的味道能够散发出来，浸泡 10 分钟左右，再把汁水倒在鱼头上，腌制 10 分钟左右后，去除葱姜。

3. 腌制鱼头的时候，可以调制酱汁，油（30毫升）和蒸鱼豉油（45毫升）调匀。

4. 锅里倒油，热锅冷油，把红剁椒酱和青剁椒酱分别炒制一下。

5. 在腌好的鱼头下面垫上3根平行的筷子，扔掉葱姜，再在鱼头上面铺上炒制过的剁椒酱，半个鱼头一种颜色的剁椒酱，在鱼头的两侧插入洋葱片，倒入调好的油和蒸鱼豉油。

6. 锅里加水，水开后，把鱼头放入锅里，大火蒸15分钟左右，具体要看鱼头的大小。

7. 时间到出锅，扔掉洋葱片，拿开一排筷子，摆盘即可，煮上一碗面条，搭配着吃即可。

Chapter 3

诚意家宴

　　对于每一个从不下厨的人来说，踏进厨房的第一步都是需要一个契机的，这个契机或是温情或是伤感，但它都能给予人力量，然后化成美妙的食物，带给人更多的温暖。相信关于妈妈的记忆将一直伴随我，也会一直给我带来好运。

味蕾记得我爱你

和大多数的女孩子一样，毕业后我就开始了自己的职业生涯，成为一名金融小资女。爸爸上班赚钱，妈妈操持家务，让我在生活上没有什么压力，二十几年我也习惯了饭来张口衣来伸手。

毕业 6 年后，我领证结婚了，但快乐只停留了 4 天，家里就发生了巨大的变故——妈妈在睡梦中走了，再也回不来了。这五雷轰顶般的打击让我不知所措，我突然意识到不能再像从前一样，做温室里的花朵，要开始扛起家庭的重担，更要担当起照顾爸爸的责任，做生活的强者。在老公的支持下，我辞职了，决心在家做个小煮妇，照顾好爸爸和老公。

最开始，我并不会挑菜，买菜还经常上当受骗，烧菜更是要一直捧着个 ipad，app 就是我的启蒙老师。记忆里，妈妈很爱烧浓油赤酱的酱鸽给我们吃，但我们谁也不知道妈妈究竟是怎么烧的。我只有凭借记忆和味觉研究酱鸽的做法，令人惊喜的是，我做的酱鸽得到了所有人的肯定和夸赞，还凭借这一道招牌菜上了电视节目，我笑称它为"招牌好运鸽"。慢慢地，我的这道酱鸽在朋友之间广为流传，我开始做起了私房菜生意，造福吃货，以食会友，把温暖通过美食传递给更多的人，这是非常有意义的事情。

对于每一个从不下厨的人来说，踏进厨房的第一步都是需要一个契机的，这个契机或是温情或是伤感，但它都能给予人力量，然后化成美妙的食物，带给人更多的温暖。相信关于妈妈的记忆将一直伴随我，也会一直给我带来好运。

NOTE

1. 建议购买中等鸽龄（8 个月左右）的草鸽，太嫩或太老的鸽子都不适合做酱鸽。

2. 第一次焖煮的时间短，因为是带皮的一面朝下；第二次焖煮加上收汁的时间相对会长一些，因为鸽肉朝下，多煮一会儿才能入味。

3. 别看整个过程的步骤少，但是最后收汁的过程还挺辛苦，因为需要不断淋汁，这样才能让酱鸽上色均匀。

酱鸽

参考分量	3~4 人份	制作时间	80 分钟	难易程度	★ ★ ★ ☆ ☆

用料
Ingredients

鸽子 / 2 只

调料
Seasoning

生姜 / 5 片　　肉蔻 / 3 个

小葱 / 3 根　　料酒 / 15 毫升

八角 / 2 个　　生抽（酱油）/ 25 毫升

桂皮 / 1 段　　老抽（酱油）/ 20 毫升

香叶 / 1 片　　黄冰糖 / 35 克

白芷 / 2 个

做法
Steps

1. 鸽子洗净焯水，焯水后洗去血水和浮沫，将焯鸽子的水过滤备用。

2. 锅里烧水，把生姜、小葱、八角、桂皮、香叶、白芷、肉蔻一起放入锅里，水开后放入鸽子，把带皮的一面朝下，再倒入料酒、生抽和老抽，盖上锅盖焖煮。20 分钟以后，把鸽子翻面，再加入黄冰糖，继续焖煮 30 分钟左右。

3. 开大火收汁，一边注意移动鸽子，不要让它粘底，一边用勺子把汤汁淋在鸽子身上，最后留有少许汤汁即可。

4. 如果热吃，可以用剪刀剪块摆盘；如果冷吃，可以等鸽子冷透用刀切块摆盘。

吃饱这顿再减肥

在我的私房菜家宴里，除了招牌菜酱鸽，还有一道必有的菜品：红烧肉。说到红烧肉，很多人的第一反应都是，这应该是最没有期待的一道菜了，因为每家每户都会做。但事实证明，越是没有期待的人最后往往惊喜越大。很多人，吃过一次我做的红烧肉，就深深被它折服了，甚至连最后的汤汁也要打包回家。

红烧肉作为国民美食，做法估计上百种也是有的。硬的，软的，不软不硬的；甜的，咸的，淡的，甚至辣的都有；用樱桃烧的，用番茄烧的，还有用可乐烧的。反正每家每户的主妇都会做红烧肉，但最最好吃，最最好看，最最滋补，也最最不会发胖的，一定是自己家的红烧肉。

红烧肉一般都会用到带皮的五花肉，挑选起来得注意 6 个诀窍：皮不厚的五花肉不要；夹花不好看的五花肉不要，肥瘦比例一般在三七开或者四六开；还要看看肉的颜色，要在自然光下看，不发黑也不过于艳丽；摸上去没有湿答答的感觉，说明没有泡过水；再用手指按压一下，能马上复原回来，说明新鲜有弹性；再闻闻有没有异味。

我喜欢用红曲米来做红烧肉，不但颜色更加艳丽自然，而且红曲米对人的身体也是很有好处的。经过一定时间的焖煮，刚出锅的红烧肉，香气四溢，结实饱满的底部瘦肉戴着顶上如白雪皑皑的肥肉，那便是极好的。每一块五花肉都包裹着浓郁的酱汁，肥而不腻，入口即化，连最后的汤汁也可以拌着米饭吃，令人回味，忍不住用舌尖舔一舔嘴角残留的酱汁。

NOTE

1. 煮鸡蛋加一点盐，鸡蛋就不太容易破碎。煮好的鸡蛋放入冷水中浸泡，冷透后剥壳，鸡蛋会很好剥。

2. 焯水这个步骤就要把肉煮烂煮酥软，所以一定要焯水彻底。

3. 红曲米一定要浸泡充分，等红曲米涨大了，汤汁的颜色红了，就差不多了。

4. 鸡蛋不要太早放入，否则鸡蛋口感会变结实。如果最后的鸡蛋是整个摆盘，可以提前给煮好的鸡蛋开花刀。如果鸡蛋是切片摆盘，就整个鸡蛋和五花肉一起焖煮。

红烧肉

参考分量 3~4 人份   制作时间 90 分钟   难易程度 ★★★☆☆

用料
Ingredients

五花肉 / 500 克

鸡蛋 / 3 个

调料
Seasoning

生姜 / 6 片

小葱 / 6 根

八角 / 1 个

桂皮 / 1 段

香叶 / 1 片

油 / 适量

料酒 / 10 毫升

红曲米 / 20 克

生抽（酱油）/ 15 毫升

老抽（酱油）/ 5 毫升

黄冰糖 / 20 克

盐 / 2 克

做法
Steps

1. 将鸡蛋洗净入锅，加入没过鸡蛋的水，撒盐，大火煮沸，转小火煮 10 分钟左右，捞出浸冷水里，冷透后剥壳。

2. 小葱、姜片和五花肉一起冷水入锅，加料酒，大火煮开后转中火 30 分钟左右，全程开盖保持沸腾，拿根筷子可以轻松插入五花肉并且没有血水渗出即可。捞出洗净，肉汤过滤留 1000 毫升左右备用。

3. 热锅冷油，油少点，小葱（3 根）、生姜片（3 片）和五花肉一起中火煸炒至五花肉表面呈金黄色。

4. 倒入生抽、老抽，撒入黄冰糖、八角、桂皮和香叶，轻轻翻炒几下，让五花肉均匀上色。

5. 倒入肉汤，把装有红曲米的滤网放入锅里，中火煮开转小火，让红曲米的颜色完全浸入汤汁中，可以把红曲米捞出，盖上锅盖小火焖煮。

6. 40分钟后，放入鸡蛋一起焖煮20分钟。转大火收汁，不停地轻轻翻动五花肉，当红而发亮的汤汁彻底包裹住五花肉时，就可以出锅装盘了。

一锅好卤卤一切

不知道什么时候，开始刮起了一阵全民健身风。健身的人，除了爱吃蔬菜，还爱吃牛肉。因为牛肉不仅口感好，还低脂高蛋白。但他们吃的牛肉，可不是烤牛排、咖喱牛肉、牙签牛肉之类的重口味，而是偏向清淡的盐水牛肉或者卤牛肉。

很多人觉得自己在家卤牛肉麻烦，但只要掌握一些小窍门，不仅能做出一锅好吃的卤牛肉，还能养好一锅美味的老卤，想什么时候吃就什么时候吃，非常方便。

当然，牛肉的质地很重要，牛小腿内那一块修长而带筋的肉——金钱腱就是最佳选择，肉里包筋，筋内有肉，筋肉互相纵横交错下仍层次分明，肉质爽口甘香又不失嚼劲。

留下的卤水可以重复使用，越久越香，越老越好。每次卤好的卤水将香料捡出过滤，然后将表面的油脂清除，放入带盖子的盒子里，如果一周之内要继续用，那么放冷藏即可，如果一周之内不用，就放冷冻保存，下次再用提前解冻，加入适量冷水和各种调料就可以了。

现在每次家里来客人，我都会提前两天从冰箱里拿出金钱腱解冻，第二天用老卤来卤制一碗，第三天切片摆盘，偶尔再调配一个蘸料，一点也不亚于外面饭店吃的卤牛肉。学会这道硬菜，请客吃饭倍有面子。

NOTE

1. 牛肉焯水一定要彻底，否则会影响牛肉本身的香味。焯水后用冷水洗，可以让牛肉肉质更紧实。

2. 水要加足，中途如果发现水少了，要加开水。

3. 牛肉一般煮 45~60 分钟即可，时间太短不酥，时间太长太烂。

4. 牛肉冷藏一晚，有利于入味，第二天切片也更好切。

5. 留下的老卤，以后可以加冷水和香料继续卤牛肉，还可以卤茶叶蛋，也可以卤除羊肉、大肠以外的食材。如果要卤羊肉或大肠，可以舀一点老卤出来单独卤，卤好的卤水要倒掉，否则和老卤倒在一起容易坏。

卤牛肉

参考分量　3~4 人份　　制作时间　80 分钟　　难易程度　★★☆☆☆

用料
Ingredients

金钱腱 / 400 克

调料
Seasoning

生姜 / 3 片　　　　草果 / 1 颗　　　　豆瓣酱 / 50 克

小葱 / 4 根　　　　花椒粒 / 20 颗　　黄冰糖 / 50 克

八角 / 1 个　　　　白胡椒粒 / 10 颗　料酒 / 10 毫升

桂皮 / 1 段　　　　干辣椒 / 3 根

香叶 / 1 片　　　　卤水汁 / 200 毫升

白芷 / 1 片　　　　生抽（酱油）/ 50 毫升

肉蔻 / 2 个　　　　老抽（酱油）/ 30 毫升

做法
Steps

1. 牛肉自然解冻，冷水入锅焯水，葱结和姜片放入锅里，倒入料酒，大火煮沸后转中火，全程开盖保持沸腾，直到用筷子插入牛肉后，不再有血水冒出。关火，把牛肉捞出冲洗干净，过滤牛肉汤。

2. 另起一锅，把过滤出的汤汁倒入锅里，放入所有的调料，煮开后，把牛肉放入锅里，大火煮开，盖上锅盖小火焖煮 45 分钟左右，开盖用筷子戳一下牛肉，可以戳透，就关火。

3. 卤好的牛肉自然放凉，连汤汁一起放进冰箱冷藏一晚。第二天拿出来切片即可食用。

火候恰当，处世亦安然

河虾，是广泛分布于全国各地江河、湖泊、溪沟的淡水虾。

最早吃河虾，以白灼或盐水的做法居多，做法简单，老幼皆宜。锅里爆香葱段和姜丝，加水烧开，放入河虾和花椒粒，等虾身开始变红，倒入少许白酒，再煮一会儿，煮到浮沫向中心聚拢时撇去，关火，再放入几撮葱姜点缀提香，捞出，这就是白灼做法了。这种做法可以吃到原汁原味，不蘸酱汁也无妨，清甜也不腥。若是喜欢吃咸鲜味，可以在白灼时撒一把盐，河虾的口感会更加爽脆弹牙。无论是做白灼还是盐水河虾，都要夏季的带籽母河虾才好，咬起来咯吱咯吱的，别提有多带劲。

还有一种做法也很受大家欢迎，就是油爆虾。做油爆虾，通常会挑选公河虾，提前剪去虾头虾须和虾脚，洗净沥干，这道菜比盐水河虾做法要复杂一些。

油爆非油炸，油爆的温度要比油炸高很多，对火候的考究，有着教科书一般的严格。猛火急攻，尽可能缩短烹饪时间。虾肉熟而不老，虾壳脆而不焦，根据虾壳的爆裂声来判断河虾的出锅时间。真可以说是分秒必争，不能差之毫厘。

日本有一个词，叫作：职人。所谓的职人，就是对拥有精湛技艺的手工艺人的称呼。职人在各行各业都是一个令人肃然起敬的称谓，它背后饱含了人对自己职业全身心的热爱，以及对技艺精益求精的追求。

电影《寿司之神》记录的"寿司之神"小野二郎，他终身从事寿司行业，被誉为"寿司第一人"。他的手艺登峰造极，对食材的挑剔、制作的细致和对学徒的严苛也是出了名的。据说，就连煎蛋，也不是随随便便就能做的。

做菜的有三种人，一种是用心做菜的，一种是用脑做菜的，一种是用手做菜的。其实对于"火候"的使用，不仅局限在厨房，更是体现在生活中的每一个小细节之中。食物的烹饪少不了适宜的火候，生活的哲学同样需要把握恰当的火候，才能够安然处世。

教做菜，教的只是方法，至于中间的经验和技巧，只能依靠平日的刻意练习来摸索了。

NOTE

1. 河虾一定要沥干水分，最好还要用厨房纸巾吸干水分，再倒入锅里油炸，否则会有"毁容"的风险。

2 第一次油爆的目的是让虾壳表面迅速脆化，第二次油爆的目的可以让河虾更香脆。油爆成功的河虾的状态应该是这样的：虾壳有点裂开，壳肉微微分离，虾尾和虾脚会散开翘起。

3. 用大火将酱汁完全收紧，盘里的汤汁呈凝胶状，完全不能流动，这就可以起锅了。

4. 家里的阿姨、妈妈们通常都不太舍得用油，其实做油爆虾大可放心地倒油，因为虾油是宝贝，可以过滤后留着炒蔬菜吃，最佳的比例是 500ml 油 110 克河虾。

油爆河虾

参考分量 2~3 人份　制作时间 20 分钟　难易程度 ★★★☆☆

用料
Ingredients

河虾 / 250 克

调料
Seasoning

生姜 / 2 片　　　　生抽（酱油）/ 10 毫升

小葱 / 4 段　　　　料酒 / 5 毫升

油 / 500 毫升　　　醋 / 3 毫升

白砂糖 / 10 克

做法
Steps

1. 河虾剪去虾头和虾须，洗净沥干。锅里倒油，大火烧至 200℃，表面冒有浓烟。用长柄的滤勺装上河虾，把河虾尽量贴着油面迅速倒入锅里油爆，10 秒钟捞出。再把油温烧至 200℃，把河虾再次放入锅里油爆，5 秒钟捞出。

2. 倒出锅里的余油，留有少许的底油，中火爆香姜片和葱段，捞出姜片和葱段。

3. 关火，借余温快速调制酱汁，依次放入白砂糖、生抽、料酒，开大火，快速搅拌，煮到只剩一半酱汁的时候，再倒入醋，搅拌均匀，熬到酱汁浓稠，把河虾倒入锅里，继续大火，翻炒几下出锅，撒上葱花即可。

葱香入胃，熨平每一分食欲

蔡澜先生曾说："我每天早上都会给自己烧一碗面。上海菜里面，我最爱的也就是葱油拌面，一到上海就到处找。"没想到上海大街小巷都会有的一道普通面食，竟然会成为食神蔡澜先生最爱的本帮菜之一。

虽说普通，但葱油面要做好却是面食中最难的，熬制葱油、调制酱油、煮面条、拌面条，就像下棋一样，每一步都要小心谨慎，否则一着不慎就有可能全盘皆输。

一碗葱油拌面，放一勺猪油很重要，葱香、油香和煸过的瑶柱鲜，有层次地交织在一起，足以熨平每一分食欲。

在我的 21 天【小怡的厨房】社群里，葱油拌面的好味道惊艳了所有人。并且，用心熬煮的葱油，装在玻璃罐里，贴上手作标签，也可以当作赠送亲友的小礼物。社群里的作头四姐姐，就是这么干的。她是一个热心肠，学会了方法，立刻熬夜一口气熬了十多罐葱油，一一送到朋友手上。她在群里告诉大家，熬夜熬油真的是一个体力活，累到整个人腰都直不起来，但是朋友们的夸赞让她觉得一切都是值得的。

我相信，大家吃着吃着，作头四姐姐的好人缘就这么出来了。

NOTE

1. 小葱的根须也是宝贝，洗干净一起熬葱油。

2. 一定要等油降温，才能把葱叶放入锅里熬，否则葱叶放进油锅就会焦了。

3. 糖的分量不用很多，吊鲜味的分量要少到吃不出来。

4. 鸡汁和鲍鱼汁的鲜味容易蒸发，所以晚点放。

5. 煮面条，也是一门功夫活。锅要大，水要多，面条要挑选最细的切面。水一定要煮开至滚，才能把面条放入，放入后就要掐准时间。这样煮出来的面条软硬适中，柔韧却不生硬，爽滑却不绵软。

6. 先淋葱油，再淋酱油，酱油可以顺着油均匀地裹在面条上，否则酱油马上会被面条吸收，导致味道不均匀。

葱油拌面

参考分量	1~2 人份	制作时间	60 分钟	难易程度	★ ★ ☆ ☆ ☆

用料
Ingredients

干贝 / 50 克

面条 / 150 克

调料
Seasoning

小葱 / 100 克　　　料酒 / 10 毫升

大葱 / 30 克　　　生抽（酱油）/ 200 毫升

洋葱 / 50 克　　　老抽（酱油）/ 100 毫升

生姜 / 10 克　　　蒸鱼豉油 / 50 毫升

香菜 / 10 克　　　白砂糖 / 30 克

猪油 / 100 克　　　鸡汁 / 5 毫升

油 / 400 毫升　　　鲍鱼汁 / 10 毫升

做法
Steps

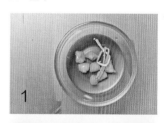

1. 干贝洗净，放入小碗，再放一枚葱结，倒入料酒以及和料酒等量的清水，浸泡 20 分钟左右。锅里烧水，水开后，把小碗放入锅里大火蒸 10 分钟左右取出沥干，用勺子压扁成丝。

2. 小葱葱叶和葱白、葱须分开，沥干。另起一锅，锅里倒入油和猪油，放入葱白、葱须、大葱、洋葱、香菜，先开中火，把油烧热，再转小火，慢慢熬至所有食材变成焦黄色，把所有食材捞出。

3. 葱油降温后放入葱叶，中火熬至葱叶变成枯黄色，将葱叶捞出。

4. 放入干贝丝，中火熬至干贝丝变金黄色，用漏勺捞出
   干贝丝，余油晾凉备用。

5. 再起一锅，锅里加少量的清水，倒入白砂糖、生抽、
   老抽、蒸鱼豉油熬制，等水分差不多都蒸发了，再倒
   入鸡汁和鲍鱼汁，搅拌均匀关火，倒出晾凉。

6. 开始煮面条，锅里的冷水是面条的 5 倍多。大火把水
   烧开，把面抖开放入锅里，用筷子迅速划散，45 秒
   钟左右，用滤网把面条捞出放在碗里。

7. 先在面条上淋 2 勺葱油，再淋 2 勺生抽，拌匀摆盘。
   最后在面条上堆几撮炸过的葱叶和干贝丝即可。

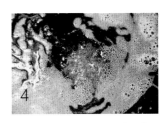

听得到的美味最动人

广州历来都是美食之都，小时候我就超爱广州呢。念初中的时候，爸爸妈妈带我第一次坐飞机出远门旅行，目的地就是广州。当时的我特别欣喜和期待，对所有的事物都保持着强烈的好奇心和求知欲，仿佛开启了一扇新世界的大门。

广州的煲仔饭绝对是天下无双啊！印象最深的是在广州的一条路上，路边摆满了一排排的灶头，灶头上又摆满了冒着热气的煲仔。上了年纪的师傅带着厚实隔热的手套来回巡视，或是揭盖下料，或是用防烫夹夹走煲仔，自成一派街头景观。

正宗的煲仔饭不是现点现吃的，而是现点现做的。提起淘洗浸泡后的米上锅，煮至六七分熟的样子，揭丌盖了，倒入调好味的肉，微火焖至米饭收水。有些师傅为了能够起锅巴，会沿着煲仔的边缘淋入芝麻油。最后开盖撒入葱花，铺上蔬菜，趁着热气腾腾，赶紧端到客人的面前，完成最后一个重要环节，当豉油与还有余温的煲仔发生碰撞时，会迸发出"嘶"的声音，这是细小、专业却又动人的证明，也是眼耳鼻舌都能享受得到的美味。

对煲仔饭的印象，似乎一直停留在那次旅行，我孤陋地以为煲仔饭自己在家做不了。直到我遇到一口锅——塔吉锅，才知道原来煲仔饭自己在家也能做，而且很简单很好吃。把所有的食材都放入锅里，不需要长时间的炖煮，就能坐等开吃啦。

NOTE

1. 大米建议用丝苗香米，油润晶莹，米身修长，柔韧适中，米味浓郁。浸泡后再煮，口感更有弹性，颗粒也饱满漂亮。

2. 喜欢吃煲仔饭底部锅巴的人，可以在放入荤的食材后，再沿着锅边儿淋入一些油，用小火煲制，这样就会在做好时，底部形成一层脆香的锅巴。

3. 在焯烫菜心的水里撒盐和淋油，既能给菜心增加味道，也能使得菜心的颜色更加鲜亮。焯烫完还要过冷水，可以使菜心变得翠绿。

香肠排骨煲仔饭

| 参考分量 | 3~4 人份 | 制作时间 | 80 分钟 | 难易程度 | ★★★☆☆ |

用料
Ingredients

大米 / 300 克

香肠 / 2 根

猪肋排 / 250 克

鸡蛋 / 1 个

菜心 / 30 克

调料
Seasoning

料酒 / 10 毫升　　　黄豆酱 / 10 克

盐 / 10 克　　　　　蒸鱼豉油 / 20 毫升

白砂糖 / 15 克　　　美极鲜酱油 / 20 毫升

淀粉 / 5 克　　　　芝麻油 / 10 毫升

蚝油 / 10 毫升　　　油 / 适量

做法
Steps

1. 猪肋排洗净沥干，用盐、白砂糖（5 克）、料酒、黄豆酱、蚝油（5 毫克）、淀粉腌制 1 小时以上。

2. 把塔吉锅烧热，锅底抹上薄薄的一层油，大米和水以 1:1.2 的比例浸泡在塔吉锅里，浸泡 1 小时左右。

3. 大米泡好以后，往水里滴几滴油。盖上锅盖，中大火 2 分钟，转小火 8 分钟左右。

4. 看到水差不多都收到米里了，用勺子搅动一下，大米呈蜂窝状时放入腌制好的猪肋排，小火继续焖 20 分钟左右。

5. 放入香肠和鸡蛋，再小火焖 10 分钟左右。关火不要开盖继续焖 20 分钟左右。

6. 利用这个时间，把菜心烫熟，在烫菜心的水里，撒一丢丢的盐，淋一丢丢的油，烫完以后，再把菜心过冷水，沥干备用。

7. 调汁：蒸鱼豉油、蚝油（5 毫升）、美极鲜酱油、芝麻油和白砂糖（10 克）混合。开盖放入菜心，淋入调味汁，拌匀即可。

—Chapter 4

热闹节日

看着妈妈忙里忙外的，我不解："人家不也熬粥了，干吗要送啊？"妈妈笑了："交换着喝粥才算是过节，图的就是这份热闹啊。"

一碗粥，也不那么简单，承载的是一份温情、一份关爱。在寒风中奔走相送，如暖流般汇入邻里之间，开启了春节和乐融融的前奏。

粥本朴实，喝的就是这份情谊。

烫得灵魂也忍不住颤抖

春卷是上海人的心头好,上海小囡即便不吃米饭,也要吃一根春卷来解馋。

过年即便菜再多,也不忘上一道炸春卷,仿佛没有一道春卷,年夜饭就不完整似的。炸熟的春卷犹如一根根的金条,鼓鼓囊囊地躺在盘子里。大家争先恐后,长了眼睛的筷子总能夹到又大又粗的那根。

春卷皮,很多人喜欢买摊头或菜场里现摊的春卷皮。但这费时间的手艺活始终快不了,跟不上人们越来越旺的需求。尤其是临近大年夜的时候,各个摊头上的现做春卷皮价格都会翻一番,质量也会因为追求速度而下降不少。个人建议可以考虑买超市里的冰冻春卷皮,不但质量好,而且也更容易包。

春卷馅,喜欢吃咸的,可以炒一个黄芽菜肉丝做馅芯,咸鲜香脆,汁水充盈,蘸点米醋开胃解腻。喜欢吃甜的,可以再在豆沙里夹一片薄薄的糖年糕,咬一口增加黏稠感和拉丝感,层次分明、口感丰富。

春卷一定要现包现炸,包好后静置的时间长了,馅芯里的汁水就会浸透春卷皮,再炸就开始上演噼里啪啦的厨房灾难片了。

NOTE

1. 冬笋在热水里焯烫可以去除涩味。

2. 春卷尾部不要用水或面糊封口,炸的时候只要用筷子夹紧尾部封口处,春卷就能自然定型封口了。

3. 炸春卷的油温不能高,否则春卷很快就会变成大黑脸。

黄芽菜肉丝春卷

参考分量 3~4 人份　制作时间 70 分钟　难易程度 ★★☆☆☆

用料
Ingredients

春卷皮 / 500 克

黄芽菜 / 300 克

里脊肉 / 100 克

冬笋 / 100 克

调料
Seasoning

盐 / 15 克

白砂糖 / 10 克

料酒 / 10 毫升

淀粉 / 5 克

淀粉水 / 25 毫升

油 / 适量

做法
Steps

1. 里脊肉丝用盐（5 克）、白砂糖（5 克）、料酒和淀粉腌制，冰箱冷藏 30 分钟左右。

2. 黄芽菜洗净切成细丝。冬笋剥壳，热水焯烫 5 分钟后捞出，也切成细丝。

3. 锅里倒油，烧至表面微微冒烟，倒入里脊肉丝煸炒至变色，再把冬笋丝、黄芽菜丝依次倒入锅里煸炒，加盐（10 克）和白砂糖（5 克）调味。淋入淀粉水，翻炒至汤汁基本收干，盛出放凉。

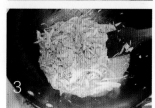

4. 拿一张春卷皮，放上馅芯，底边上折，两个侧边对折，
　 向上卷起，叠紧。所有的春卷都按照这样的方式包好。

5. 取一只深一些的小锅，倒入油，烧至表面微微冒烟，
　 放入春卷，注意筷子要夹紧春卷的尾部封口处，大约
　 10 秒钟放开，转中小火，把春卷炸成金黄色（大约 3
　 分钟）即可。

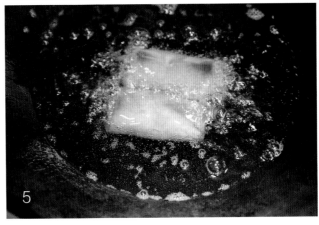

又酥又甜，爱得刚刚好

有一次陪爸爸逛街，路过一家食品店，看到橱窗里的糕点，爱吃甜点的我垂涎三尺，不禁感慨道："现在的孩子真幸福呀，小时候的我们哪有这么多好吃的。"

爸爸说："你小时候不错啦，我小时候可是连最基本的粮食都吃不饱呢。"

"那倒也是，爸爸你还记不记得我小时候经常吃的核桃酥？"我问爸爸。

"当然记得啊，你读书的时候，你妈妈经常买了给你放在饼干罐里，等你放学回家，就拿出来问你要不要吃核桃酥。我当时还说快吃饭了，吃什么点心，你妈妈可不管，你自然更是乐意得很，立马心满意足地吃起核桃酥。每次你吃的时候，你妈妈都在一旁一边看你吃，一边拾掇掉在沙发上的酥屑。"

爸爸描绘的场景，仿佛就发生在昨天，熟悉但又让我有些伤感。

现在，我自己学会了做核桃酥。按比例揉好的面团不能太干，必须是比较湿润的感觉，烤出来的桃酥才会够酥脆。刚烤好的核桃酥，一定要放凉后，才能装罐密封保存。

一块小小的核桃酥，一口咬下去，除了满满的回忆，还有酥、脆、香、甜。它可以作为伴手礼，拉近与家人、朋友的距离，让彼此之间不再是隔着屏幕的一句群发问候或一个微信表情。

罐子里装的不仅是核桃酥，更是心意和爱心。

NOTE

1. 熟核桃仁烘烤后，会变得更加香脆。除了用手掰碎，还可以用刀切碎，或者放在保鲜袋里，用擀面杖碾碎。

2. 表面刷的蛋液也可以换成蛋黄液，这样色泽会更金黄一些。

3. 烤好的核桃酥，完全冷透后口感会更酥脆。

核桃酥

参考分量	4~6 人份	制作时间	50 分钟	难易程度	★★☆☆☆

用料
Ingredients

熟核桃仁 / 70 克

鸡蛋 / 1 个

普通面粉 / 210 克

泡打粉 / 2 克

小苏打 / 1 克

调料
Seasoning

白砂糖 / 60 克

油 / 110 毫升

熟黑芝麻 / 5 克

做法
Steps

1. 烤箱预热，放入熟核桃仁，上下 150℃ 烤 5 分钟。

2. 将白砂糖、油、鸡蛋液（留少许鸡蛋液备用）搅拌均匀。

3. 筛入面粉、泡打粉、小苏打，拌匀。

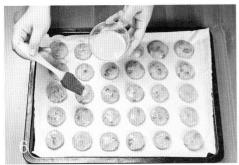

4. 把烤过的熟核桃仁掰碎，放入混合面团里拌匀。

5. 烤盘铺上硅油纸，取一小块面团，揉圆、压扁，码在烤盘上。

6. 核桃酥表面刷一层蛋液，撒几粒熟黑芝麻。

7. 烤箱预热，上下 180℃烤 15 分钟即可。

给脱发青年加点糖

印象中的每个节日，妈妈都会准备各式各样的零食，放在客厅桌上的零食干果盘里，大大卷、旺旺仙贝、山楂片、洽洽瓜子、开心果、狼牙松子、九制话梅、话梅糖、酒心巧克力、徐福记沙琪玛……

午饭前吃，午饭后吃，晚饭前吃，晚饭后吃，我吃的零食干果比正餐还要多。总感觉一群人坐在一起，一边看电视，一边嘎三胡（上海话，意思是聊天），再津津有味地吃上一堆零食干果才算是真的过节。

那么多零食干果中，黑芝麻核桃糖是特别的存在。因为别的零食干果大人们都不让我多吃，骗我说会长蛀牙或者拉肚了，只有黑芝麻核桃糖他们会一个劲让我多吃点多吃点。

长大了，我才知道了让我多吃的原因。原来黑芝麻核桃糖是养生零食，黑芝麻可以健脑益智、乌发养颜，核桃可以健胃补血、润肺养神，适量吃益处多多。

可惜，如今做黑芝麻核桃糖的人越来越少了，即便有，也不太敢买了吃，怕食材不干净、配料不安全。

其实，传统美食，并没有想象中那么难做。黑芝麻核桃糖食材简单，一般家里都会有。最费时间的是熬糖浆，难在糖浆熬到什么程度才到位，最后还要把握切糖的时间，看似简单的过程，其实隐藏着大学问。

NOTE

1. 熬糖浆是最关键的一步，用筷子蘸糖浆尝的时候，一定是变脆的口感。

2. 切块的最佳时机是稍微有些冷却，而不是完全冷透，否则变硬了不好切。

3. 切块冷透后注意密封保存，否则黑芝麻核桃糖容易回潮。

黑芝麻核桃糖

| 参考分量 | 6~9 人份 | 制作时间 | 60 分钟 | 难易程度 | ★★★★☆ |

用料
Ingredients

熟黑芝麻 / 300 克

熟核桃仁 / 150 克

调料
Seasoning

白砂糖 / 250 克

麦芽糖 / 100 克

纯净水 / 200 毫升

做法
Steps

1. 准备一口干净的不粘锅，把白砂糖、麦芽糖和纯净水倒入锅里小火搅拌熬煮。全程中小火，并不断搅拌以免焦化。糖浆从一开始冒大泡一点点变成小泡，再慢慢变成琥珀色。这时用筷子蘸点糖浆，立刻放入装有凉水的碗里，尝一下糖是否变脆。

2. 变脆后立刻依次倒入核桃和黑芝麻，迅速充分搅拌均匀。

3. 倒入不粘或涂了油的模具，用铲子或勺子压紧。

4. 差不多 5~10 分钟以后稍微有些冷却，倒出黑芝麻核桃糖，切成大小合适的糖块即可。

把爱吃的分给你，一起变开心

大学的时候，我平时住在学校里，吃喝都是自己随意，周末就会回到外公外婆家。

早上睡到自然醒，起床后发现外婆早已经帮我买好早点，蛋饼、锅贴、馒头……因为不知道我什么时候起床，外婆总是会把我的早点买好捂在保温锅里。很多早点冷了或者再加热并不好吃，唯有一样早点，冷了好吃，再加热也好吃，就是发糕。

我吃发糕不太喜欢直接咬，而是喜欢掰一小块送进嘴里细嚼慢咽。松软香甜、细腻柔韧的发糕虽然有些平淡朴实，细细品尝却是回味无穷。一边看书一边吃发糕，一不留神就会吃很多。外婆看见我的馋样，总是乐呵呵地说："喜欢吃就好，多吃点，吃多了也不会上火，这东西可比蛋糕有营养多了。"

中国人都喜欢讨口彩，尤其是在发生重大事件的时候，如生老病死、乔迁修造、新春佳节、祝寿满月……都会希望借助心理暗示，让事情往好的方向发展。记得有一次，隔壁新搬来的邻居笑眯眯地送来两大块发糕，说："我是新搬来隔壁的刘老师，以后大家就是邻居了，送个发糕给你们尝尝，希望以后可以多多关照。"我和妈妈连声道谢，等不及我们多寒暄几句，刘老师转身又去敲其他邻居家的门了。

我对妈妈说："看来今天整幢楼的邻居都有发糕吃了，真好。"妈妈说："是啊，搬迁对一家人来说是一件大事，发糕发得越大，说明这家人越高兴。更重要的是刘老师懂得分享，把自己的快乐分享给更多的人，那样她也会更快乐。"

我想"独乐乐不如众乐乐"大概就是这个道理吧。后来，我还特意自学了如何制作发糕，我尤其喜欢做南瓜发糕，金黄的表皮艳红的枣子，特别适合讨口彩，所以我家老龚不但爱吃，还经常两眼放着光地说："吃了此糕必定发大财！"

NOTE

1. 挖取南瓜泥的时候一定要沥干水分，否则后面的面团会很稀无法成型。

2. 面粉过筛可以更加细腻。南瓜泥一定要晾凉后才能和酵母搅拌。酵母是天然的微生物，被烫过就失去了自身活性，不能再进行发酵了。

3. 沾了水的手拿面团就不容易粘手。

南瓜发糕

参考分量 4~6 人份　制作时间 120 分钟　难易程度 ★★★★☆

用料
Ingredients

南瓜泥 / 350 克

普通面粉 / 350 克

调料
Seasoning

白砂糖 / 20~60 克

酵母 / 4 克

红枣 / 适量

油 / 适量

做法
Steps

1. 南瓜（大约 500 克），去皮切块，上锅蒸熟，蒸 20~30 分钟。挖取南瓜泥。注意要尽量沥干水分哦，趁热把南瓜泥和白砂糖混合搅拌。

2. 普通面粉过筛，把它和酵母混合搅拌。

3. 南瓜泥晾凉以后，把南瓜泥、面粉、酵母全部倒在一起搅拌揉和。

4. 8 寸不粘蛋糕模的四周刷一层油，为了以后好脱模，
   可以适当多刷一点。用手沾一点蒸南瓜剩下的汁水，
   把面团拿出来放入模具，并且把它铺平。

5. 放入蒸锅盖好锅盖，开火 1 分钟只要锅里有温度了
   就关火。发酵 50 分钟，静静等待。然后你会发现面
   团至少涨大了一倍，在上面放些红枣或者果脯加以点
   缀，摆成你喜欢的样子。继续盖上锅盖，蒸 30 分钟。
   关火 5 分钟后再出锅，此刻面团又涨大了一倍。

6. 脱模倒出，切块送入嘴巴里。剩下的可以包保鲜膜放
   冰箱，再吃的时候可以回锅蒸 10 分钟左右。

给下饭神剧配上追剧小食

咖喱是由多种含有辣味的香料调配而成的酱料，常见于印度菜和泰国菜。一般都会搭配肉类，和米饭一起吃。咖喱可以增加肠胃蠕动，加速血液循环，让人食欲大增。

现在超市里都有卖调配好的咖喱块，平常家里常备几包，就算临时来了朋友，也不怕没有菜可以做。最简单的就是咖喱牛腩，有肥有瘦的牛腩买来切大块和生姜片一起冷水入锅，煮开去除浮于表面的血水和浮沫，小火慢炖 1 个小时左右。想要搭配胡萝卜、土豆、洋葱等蔬菜的，可以切块放入锅里煸炒，再倒入牛腩，然后倒入牛肉汤，放入适量的咖喱块，大火煮开小火焖煮 30 分钟以上，焖煮的时间越长，牛腩和蔬菜也就更入味。

除了家常菜咖喱牛腩，还有一种咖喱牛肉饺，也是曾经红极一时的小吃。它的馅料就是 mini 版的咖喱牛腩，把牛腩换成牛肉碎，蔬菜切成小丁，饼皮则可以偷懒用超市里买的印度飞饼，毕竟特意揉面起酥也是很麻烦。小小的一只咖喱牛肉饺，里面咖喱牛肉馅填得满满的，咖喱味浓郁，还有一点点微辣。现烤现吃，口感最好不过。

我家老龚告诉我，他刚上班那会儿，每天都会早起去昌里路上的清真饭店，排队吃第一锅咖喱牛肉锅贴。清晨吃上 3 两咖喱牛肉锅贴和 1 碗羊杂汤，就能开启能量满满的一天。即便是阴雨天，也不会因为天气而影响心情。

后来，因为房屋动迁，老龚全家搬离了昌里路，再去吃咖喱牛肉锅贴变得不是那么方便了。再后来，因为城市市政建设，这家清真饭店居然悄悄关门了，咖喱牛肉锅贴从老龚的生活里彻底消失了。为此，老龚还伤心了好一阵子，心里始终有咖喱牛肉锅贴的一个位置存在，毕竟爱一种食物，有时候是因为味蕾，有时候是因为回忆。

NOTE

1. 冰冻的飞饼皮取出来就能用，不用解冻，否则不好包馅。

2. 咖喱牛肉酱不要熬得太稀，如果时间允许可以提前一晚熬好冷藏，这样第二天会比较容易包。

3. 平时吃卤牛肉剩下的边角料也可以用。

4. 可以撒上几粒白芝麻，增加香味，也增加美观度。

咖喱牛肉饺

参考分量 2~3 人份　制作时间 60 分钟　难易程度 ★★★☆☆

用料
Ingredients

牛肉 / 50 克

胡萝卜 / 30 克

土豆 / 20 克

洋葱 / 30 克

冰冻飞饼皮 / 2 张

调料
Seasoning

黄油 / 20 毫升

油咖喱（咖喱块 / 咖喱粉也可以）/ 30 克

鸡蛋液 / 20 克

做法
Steps

1. 把洋葱切成末，胡萝卜、土豆切成小丁，锅里放入提前解冻的黄油，依次放入洋葱末、胡萝卜粒、土豆粒和牛肉碎煸炒。

2. 倒入适量的热水，放入咖喱块，慢煮 20 分钟左右，咖喱牛肉酱就做好了。

3. 取出冰冻的飞饼皮，不用解冻，直接一切为二，取出其中的一半，把馅料放在飞饼的一端，对折飞饼，用叉子沿着饼皮边缘压紧压出花边。

4. 烤箱预热，在咖喱牛肉饺的表面刷上一层鸡蛋液，放入铺有硅油纸的烤盘，180℃，烤 12~15 分钟，表面呈金黄色即可。

粥本朴实，隆重的是情谊

腊八，是我印象深刻的节日之一。因为一过腊八，离过年也就不远了。

每年腊月初七，妈妈就开始忙碌了，淘米、泡果、剥皮、去核、挑拣、浸泡……第二天，妈妈很早就起床煮腊八粥，米类和豆类先一股脑倒入锅里，再倒入一大锅开水，大火煮开。然后倒入前一晚泡米的水，继续煮开，边煮边用勺子顺时针搅拌。搅拌完，开小火，焖煮 30 分钟左右。接着再把剩余的食材（红枣、桂圆、核桃）倒入锅里，焖煮 20 分钟左右。最后淋上 1 滴菜籽油，拌匀。

一碗热气腾腾、香浓黏稠的腊八粥就完成了，光是闻味儿，就够咽下几口唾沫了。自家喝完，妈妈还会再盛几碗粥，送给邻里，邻居也会把他们家熬的粥送来我家。

看着妈妈忙里忙外的，我不解："人家不也熬粥了，干吗要送啊？"妈妈笑了："交换着喝粥才算是过节，图的就是这份热闹啊。"

一碗粥，也不那么简单，承载的是一份温情、一份关爱。在寒风中奔走相送，如暖流般汇入邻里之间，开启了春节和乐融融的前奏。

粥本朴实，喝的就是这份情谊。

NOTE

1. 腊八粥到底是咸的甜的，可以按个人喜好来做。

2. 从营养方面来说，新鲜熬煮的粥会好过隔夜的。味道口感方面也是新鲜的会好些。如果真的喝剩了，那第二天需要热透再吃。

3. 可以根据个人口味选择是否加糖，腊八粥煮出来是微甜的，喜欢吃偏甜口味的朋友，可以再加一点糖调味。

腊八粥

参考分量 3~4 人份 制作时间 120 分钟 难易程度 ★★☆☆☆

用料
Ingredients

糯米 / 20 克 花生 / 20 克

血糯米 / 20 克 红枣 / 20 克

黑米 / 20 克 桂圆 / 20 克

赤豆 / 20 克 核桃 / 20 克

调料
Seasoning

菜籽油 / 适量

做法
Steps

1. 所有食材浸泡过夜。

2. 锅里烧水，水开后，把糯米、血糯米、黑米、赤豆、花生倒入锅里，大火煮开，再倒入前一晚泡米的水，继续煮开。

3. 边煮边用勺子顺时针搅拌，搅拌完，开小火，继续焖煮30分钟左右。

4. 再把红枣、桂圆、核桃倒入锅里，焖煮 20 分钟左右。

5. 淋上菜籽油出锅。

干了这碗秒变少女

　　甜品，在中国花样繁多、食法讲究，外国人无非就是简单的布丁，或者用奶油、鸡蛋之类做的糕点，而在中国每个地方还有不同的特色。

　　在我家，炖甜品和煲汤一样重要，除了好吃好喝，更看重它的滋补养生功效。因为我始终认为，学会养生保健是少生病的关键。除了老生常谈的那些方法，我还喜欢变着花样炖甜品。

　　各种食材，在水的滋润和浸泡下，慢慢苏醒，缓缓舒展，经过水与火的充分交融，清水化作浓羹，糯香绵稠，甜润滑柔。入口以后，顿时有一种温柔的感觉缠绕舌尖，有一种甜蜜的感觉萦绕心头。

　　前几年，我一个人去日本大阪，住在朋友谈小姐家里，她家门口的小巷子里，有一家不起眼的甜品店，我们逛累了，就去店里坐坐。老板是一位白发老太太，看见我们进去，总是点头哈腰地招呼我们。我虽然听不懂她在说什么，却能感受到满满的亲切和温暖，就像是来见老朋友似的，完全跨越了国界和年龄。

　　我们最爱吃她家的银耳羹，银耳熬得浓稠，加少许的红枣碎点缀，一碗银耳羹下肚，我和谈小姐瞬间粉嫩快乐得像个少女，仿佛消散了所有的疲惫，治愈了所有的心伤。

　　那次我在大阪待了 8 天，是和谈小姐相处最久的一次，也是最后一次，之后谈小姐就突发急病离开了。一切发生得那么突然，一起吃银耳羹的场景还历历在目，欢声笑语就像是发生在昨天，她却已不在了。我心中默想，如果有机会，我要开一家甜品店，来怀念这段友谊。

NOTE

1. 桃胶泡发时间最长，也最难洗，一定要有很好的耐心。

2. 皂角米泡发的水留着，都是胶原蛋白。

3. 炖煮的时间具体还要看实际情况，要以起胶为标准。

4. 鸡头米不能炖煮太久，十几分钟就好。

桃胶皂角米鸡头米羹

参考分量 4~5 人份　制作时间 120 分钟　难易程度 ★ ★ ☆ ☆ ☆

用料
Ingredients

桃胶 / 20 克

皂角米 / 20 克

鲜银耳 / 半朵

鸡头米 / 40 克

红枣 / 10 粒

调料
Seasoning

黄冰糖 / 20 克

做法
Steps

1. 桃胶提前浸泡 12 小时，浸泡至没有硬芯洗净。

2. 皂角米提前浸泡 6 小时，浸泡的水不要倒掉，后面可以用。新鲜银耳洗净，撕成小朵，鸡头米解冻洗净。

3. 锅里加纯净水，把鲜银耳放入焖煮 30 分钟，再把桃胶放入焖煮 30 分钟，接着把皂角米和浸泡它的水放入焖煮 30 分钟；差不多起胶状了，再把红枣放入焖煮 30 分钟，最后把鸡头米和黄冰糖放入焖煮 15 分钟即可。

— Chapter 5

因时而吃

　　香椿树生长得很快，谷雨前不吃香椿，就会错过品尝香椿的最佳时节。民间就有"雨前香椿嫩如丝，雨后椿芽如木质"的说法。

　　这世上的很多事都如香椿一样，早了不妥，晚了不行，当时当令才是恰好。

当时当令才是恰好

香椿是早春里的一抹风景，被称为"树上蔬菜"，是香椿树的嫩芽。很多人的第一口春，就是来自于鲜嫩的香椿。

春吃香椿的习俗从汉代一直延续至今，俗称"吃春"，意为辞旧迎新，享受美好的春天。新生出的香椿芽，丰厚娇嫩，像极了鸡毛毽子，一般五六枝为一株，玛瑙色，遇热呈绿色。初闻清香扑鼻，一筷子进嘴，已是春的气息。

而要尝香椿的鲜，简单的料理方法最能保住其独特的香味。齐白石老先生一生爱吃香椿，每逢春天，他喜欢用香椿炒鸡蛋，还喜欢把香椿切成细末拌豆腐吃，或将香椿做成炸酱面、麻酱面或卤面来品尝。

香椿的做法很多，除了炒鸡蛋和拌豆腐，还可以用盐腌制，虽然少了一份鲜气，但是历久弥新，浓郁不减，作为过粥小菜再好不过了。

香椿树生长得很快，谷雨前不吃香椿，就会错过品尝香椿的最佳时节。所以，民间有"雨前香椿嫩如丝，雨后椿芽如木质"的说法。

这世上的很多事都如香椿一样，早了不妥，晚了不行，当时当令才是恰好。

NOTE

1. 香椿一定要用沸水焯烫，去除亚硝酸盐。

2. 在焯烫香椿的水里撒盐和淋油，既能给香椿增加味道，也能使得香椿的颜色更加鲜亮。焯烫完还要过冷水，可以使香椿变得翠绿。

3. 盒装豆腐可以先用刀划开薄膜，撕掉，把盘子倒扣在豆腐盒上，翻转过来，用剪刀在盒子的对角各剪一个口，往小口里吹气，就能轻松地把豆腐完整取出了。

4. 调味可以根据自己的口味来，这道菜里还可以加生抽、醋等来调味。

香椿拌豆腐

参考分量 2~3 人份　　制作时间 15 分钟　　难易程度 ★☆☆☆☆

用料
Ingredients

香椿 / 100 克

嫩豆腐 / 1 盒

调料
Seasoning

盐 / 20 克

芝麻油 / 10 毫升

油 / 2 滴

做法
Steps

1. 冷藏一碗冰水（建议用纯净水）。香椿买来洗净，锅里烧水，水开后放盐（10 克），滴两滴油，把香椿放入锅里焯烫，待香椿变色，立即捞出放进冰的纯净水中浸泡至香椿变凉，捞出沥干。

2. 把香椿切成细末，加盐（10 克）和芝麻油调味拌匀。

3. 把豆腐从盒中取出，倒在盘子里，撒上调好味的香椿末就可以了。

有些美好，过期不候

春天，是属于江南的好时节，有看不完的美景和吃不完的蔬果。热闹的菜市场，也比平日更加多几分生机勃勃，让人一有时间就想去走走看看。肥实可爱的蚕豆，总能引起我的注意。想起清炒后入口清香沙糯的口感，就立马想要把它买回家。

蚕豆分日本豆和本地豆两种。日本豆是大荚豆，豆粒饱满漂亮，炒出来的蚕豆肉质紧硬，没什么鲜气。本地豆是小荚豆，豆粒小巧鲜嫩，吃起来清甜软糯，就连皮吃起来都是甜口的。蚕豆是时令菜，一天一个价格，刚上市的时候可以卖到十几元一斤，但过后就会呈直线下降趋势，当然越便宜的时候也就越不好吃。本地蚕豆的上市周期很短，一般只有一个多月时间，想吃还得赶早。

蚕豆可以当菜，也可以当零食。做法也颇多，葱油蚕豆、咸菜豆瓣、豆瓣蛋花汤、蚕豆焖饭等都好吃。

我要是说教大家做葱油蚕豆，一定很多人要说这也太家常了吧，有什么可教的呢？但说实话，这道菜要做好还真不简单，什么时候剥豆？如何煸炒蚕豆？撒盐撒糖的顺序？是否要加盖焖？葱花怎么加？都是有讲究的。越是简单的食材，越是考验烹饪技巧，能把平淡无奇的食材做成一道让人胃口大开的美食，才是真的会做菜。

NOTE

1. 蚕豆千万不能买菜场里现成剥好的，一定要现剥现炒。用先拗断再挤压的方法剥蚕豆，并且把蚕豆的小帽子摘掉，尽量不要弄脏蚕豆。

2. 尽量不要用水清洗，否则会影响鲜嫩度。

3. 蚕豆吸油，所以油要多一些，用葱油会比其他的油更香。

4. 中大火焖煮的过程中，不能掀盖，也不能过早加盐，因为掀盖会让蚕豆变色，加盐早了蚕豆会烧不酥。

5. 这道菜的糖和盐都要稍微多一些，糖可以提鲜、去除豆腥味，盐可以增味。

葱香蚕豆

参考分量 2~3 人份　制作时间 30 分钟　难易程度 ★ ★ ☆ ☆ ☆

用料
Ingredients

带壳蚕豆 / 1000 克

调料
Seasoning

葱油 / 30 毫升　　小葱 / 15 根

黄冰糖 / 20 克　　盐 / 10 克

做法
Steps

1. 锅内倒入葱油，烧至七成热，倒入蚕豆煸炒。

2. 等蚕豆均匀裹上油后，加入一把黄冰糖，翻炒几下，在锅里加少许水，盖上锅盖焖煮。

3. 中火焖煮 5 分钟左右。

4. 掀开锅盖，撒葱花和盐翻炒几下，大火收汁装盘。

一口尝尽春日的鲜

一说尝鲜就要提到春笋，要说江南春蔬里的灵魂，也非春笋莫属。春笋被誉为"素食第一品"，立春后采挖的笋，脆嫩鲜美，可以嚼出清香和甘醇来。

如果要评选代表上海味道的平民料理，腌笃鲜一定榜上有名。上海人吃笋向来讲究，炒炖焖煮，荤素皆宜，嫩头用来炒，老根搁块肉一起煲汤。油焖笋、腌笃鲜、笋烧肉、凉拌笋、炒双笋，看上去没什么花头，但做法和吃法都是有门道的。

春天喝腌笃鲜，是我们家多年的习惯。仿佛没有喝过一锅妈妈笃的腌笃鲜，家里的万物就还没苏醒。三月的春风乍暖还寒，一锅热气腾腾的腌笃鲜，咕嘟咕嘟地冒着对春天的渴望。咸肉、鲜肉和竹笋三者强强联合融为一体，用平衡的美味告诉我们，洒满阳光的春天就在眼前，更重要的是，它承载了妈妈对我们浓浓的爱意。

腌笃鲜，就是咸肉和鲜肉加上竹笋放在一起小火慢慢煮。咸肉和鲜肉分别切成块，冷水入锅焯水，再起一锅水，水烧开后，加葱结、姜片和料酒一起小火慢笃。煮 1 小时，捞出咸肉，同时放入提前焯过水的春笋再小火慢笃。

腌笃鲜融合了咸肉的咸香，鲜肉的肥嫩，春笋还带有几丝泥土里的清香味，再喝口汤，感觉嘴角都泛着鲜味呢。做起来也很简单，花些小心思就能俘获家人的胃了。春笋上市，就意味着吃腌笃鲜的日子又来了。

广东人煲汤讲究悄无声息地小火慢炖，而上海人的"笃"，却是咕嘟咕嘟地微微沸腾，必须要配上声效才算。笃上两个多小时，一定要笃到火候，那这锅腌笃鲜一定能鲜到把人的眉毛掉下来。会吃的人，一般只吃笋然后再喝汤，汤里的肉其实已经没什么味道了，而笋才是一锅腌笃鲜里的精华所在。

NOTE

1. 挑选春笋时，要掌握"壳黄、节密、肉白、形扁、体弯"这几个要领。首先，笋壳要嫩黄色，表面光洁，紧贴笋肉；其次，笋节要密，越是紧密，肉质也就越为细嫩；最后，就是看体形了，形状扁、笋体弯的春笋相对会嫩些。实在不会挑选的话，最简单的办法就是用指甲掐一下笋的根部，如果出现一道深深的掐痕，就是优质嫩笋。

2. 传统的腌笃鲜都会选用五花肉部位，鲜五花肉和咸五花肉，也可以选择蹄髈部位或者猪蹄部位，口感更肥软适口。

3. 春笋里面含有草酸钙和粗纤维素，要经过焯水之后，才能改善口感，促进消化。

4. 水要完全浸没肉，甚至要超出很多，这样可以保持温度统一。水开后，再把咸五花肉和鲜五花肉放入，慢慢焖煮才会有好味道。

5. 煮1小时，捞出咸五花肉，既能防止咸五花肉枯而无味，又不会使汤底太咸。因为有咸五花肉神奇的存在，所以连盐都省了。

6. 有些人还喜欢放胡萝卜和莴笋，可以增加颜色，最后开盖煮不会让它们变色。第二天还可以放百叶结吸油。第一天建议不要放任何配菜，这样就不会破坏整锅汤的纯粹和平衡。

7. 但是笋再好吃，也不能多吃哦。因为笋是寒凉性食品，含有较丰富的粗纤维，过量食用后，很难消化，容易对胃肠造成负担，尤其是本身已经患有胃肠道疾病的人尤其不可大量食用。

腌笃鲜汤

参考分量 2~3 人份　制作时间 120 分钟　难易程度 ★★☆☆☆

用料
Ingredients

鲜五花肉 / 300 克

咸五花肉 / 150 克

春笋 / 500 克

调料
Seasoning

小葱 / 7 根

生姜 / 5 片

料酒 / 10 毫升

做法
Steps

1. 鲜五花肉和咸五花肉洗净、切块，焯水，捞出洗去血水和浮沫。

2. 春笋剥壳、切滚刀块，焯水，中火煮 3 分钟左右捞出。

3. 新起一锅水，放入葱结（6 根小葱）和姜片，水开后，放入鲜五花肉和咸五花肉，再倒入料酒，转小火慢慢焖煮。

4. 1 小时左右，捞出咸五花肉，放入春笋，继续小火焖煮。

5. 30 分钟后，再放入咸五花肉，开盖煮 10 分钟左右关火，撒上葱花（1 根小葱）。

夏来茭白胜春笋

茭白多长于水泽汀田，洁白如玉、鲜嫩水灵，故被称作"美人腿"。上海市青浦区练塘镇，由于自然条件得天独厚，是华东地区种植茭白面积最大、产量最多的乡镇，有着"华东茭白第一镇"的美誉。练塘茭白嫩茎肥大、白净整洁、多肉柔嫩，还带有几丝微甜，可以说是"沪郊一宝"。

夏季是茭白盛产的季节，价格实惠、口感鲜嫩。我总会去买上一箱练塘茭白，一根根茭白齐刷刷地排排坐，身上还粘了不少绿色的浮萍，剥皮以后，嫩茎更是可爱得不得了，白白胖胖的，光滑得犹如少女的肌肤。买多了也不要紧，不要清洗，直接扎袋放冰箱冷藏可以保鲜半个月。当然，什么食材都是越新鲜越好吃。

茭白的做法很多，如果爱吃，完全可以做一桌茭白宴。茭白宜荤宜素、宜炒宜爆、宜拌宜汤，可以独立做一道菜，也可以和其他食材一起搭配成菜。如果偷懒，还能直接白灼或者清蒸，蘸少许调料，清甜无比。唯一不适合的做法是炖煮，因为时间一长，茭白就会变得软烂无力，顿时没了精气神。

NOTE

1. 豆腐干用热水焯烫，可以去除豆腥味。

2. 这道菜适合清淡口味，所以不需要过多的调味。

素六丝

参考分量 2~3 人份　制作时间 40 分钟　难易程度 ★★☆☆☆

用料
Ingredients

茭白 / 120 克　　黑木耳 / 50 克

榨菜 / 20 克　　青椒 / 80 克

豆腐干 / 50 克　　胡萝卜 / 80 克

调料
Seasoning

盐 / 3 克

白砂糖 / 2 克

油 / 适量

做法
Steps

1. 茭白剥皮切成细丝，榨菜切成细丝，豆腐干用热水焯烫后切成细丝，黑木耳泡发洗净切成细丝，青椒切成细丝，胡萝卜去皮切成细丝。

2. 锅里倒油，等油烧至表面微微冒烟，把榨菜丝、胡萝卜丝、豆腐干丝、黑木耳丝、茭白丝、青椒丝依次放入锅里煸炒至软，用盐和白砂糖调味拌匀就能出锅。

冬天的风冷，但是你暖啊

以前下班的时候，总会路过一个卖糖炒栗子的店铺，香甜的气味夹在秋风中，总能让我产生强烈的饥饿感。忍不住顺着香味，排队买上一包刚出炉的糖炒栗子，拿到手还是暖暖的，一阵暖流从手心传到心底。

顺着裂嘴的地方，轻轻一掰，金黄色的栗子仁就掉出来了，生怕它被寒风偷吃，趁热赶紧塞进嘴里，整个口腔都是香甜软糯。就算是迎着寒风，也会暖和得偷着笑。一天的疲惫和辛苦，都被这暖胃暖心的糖炒栗子给治愈了。

中医认为，每天吃几颗栗子是可以补肾健脾、活血止血的。从营养学角度讲，栗子是坚果家族里少数低脂肪高碳水化合物的种子，而且吸收率极高，适合寒冷的季节补充热量。

用烤箱烤栗子，干净、快捷、方便，味道也相当不错。曾经有人问我："买了烤箱，又懒得烤蛋糕，烤箱还能干啥？"答案是，那就先动手烤栗子吧。相信我，你家的烤箱真的是万能牌的。

NOTE

1. 栗子挑选技巧：选择颜色浅、绒毛多、外壳不怎么有光泽、表面无虫眼的，不要一味地挑个头大的。

2. 给栗子开口的时候，一定要注意安全，先用刀尖插入栗子，再轻轻划一下，裂缝不用太深，栗子后期加热过程中开口会变大。

3. 每个烤箱都有自己的性格脾气，要注意看着，千万不要烤糊了。

糖烤栗子

参考
分量 2~3 人份   制作
时间 40 分钟   难易
程度 ★ ★ ☆ ☆ ☆

用料
Ingredients

栗子 / 500 克

调料
Seasoning

白砂糖 / 50 克

油 / 20 毫升

做法
Steps

1. 洗净后的栗子，用利刀开口。

2. 清水没过栗子，大火煮开后 3 分钟，捞出沥干。

3. 白砂糖加入一碗清水，煮成糖水，把栗子放入糖水中
　　裹匀。

4. 烤盘铺上锡箔纸，栗子开口面朝上，刷油。

5. 烤箱预热，上下 190℃烤 10 分钟。

6. 取出，刷上剩余糖水，开口处可多刷几遍，上下
   190℃再烤 10 分钟即可。

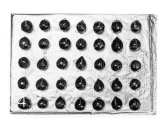

用心的美食会说情话

冬天，菜场里的热闹程度一点也不亚于春天。一条条青鳗劈背成片排成行、一爿爿青鱼干空中挂、一块块腊肠串成绳、一块块咸肉挂竹竿、一只只风鸡风鸭篷下吊……形成一派热闹壮观的景象，让路过的人忍不住要抬头细看，鱼鲞、风鸡鸭、酱油肉、香肠上面还附着一张张小红纸，写着主人的名字，说明已是"名花有主"。主人们只要按照约定时间，来凭票提货就行。

今年冬天我自己在家做酱油肉。从菜场买来4指宽的五花肉，用来做酱油肉比腿肉更适合，肥瘦相间，吃起来软硬适中，闻起来也是香气扑鼻。新鲜的猪肉不用清洗，如果有点脏，就用厨房纸巾稍稍擦拭一下。北京的白酒、山东的老姜、云南的冰糖、广东的酱油，还有近10种自由组合的香料，放在一起熬煮出浓香的酱油，自然晾凉后，把五花肉放入浸渍约5天时间，再捞出来沥干晾晒。晒酱油肉的最佳时间在立冬后、冬至前。倘若在立冬前，天气还暖和，阳光比较强烈，而冬至后天气变化无常，阳光柔弱，不利于晒酱油肉。总之忙活一下，前前后后等上个半把月，就能吃到自己做的酱油肉了。

晾晒在阳台上的酱油肉，虽然远没有菜场里的壮观，但是仪式感十足。每一条酱油肉，都饱含了我的心意和爱心，蒸、炒、焖，想怎么吃就怎么吃，用它们的色香味，向品尝的人诉说着动人的情话。

NOTE

冬笋放入有盐的沸水中焯烫，不但可以去除涩味，还能增加冬笋的鲜味。

酱油肉蒸冬笋

参考分量	2~3 人份	制作时间	50 分钟	难易程度	★★☆☆☆

用料
Ingredients

酱油肉 / 100 克

冬笋 / 150 克

调料
Seasoning

盐 / 2 克

大葱葱丝 / 3 克

红椒丝 / 3 克

做法
Steps

1. 冬笋剥壳，去除根部较老的部分，一切为二，再切成薄片。放入沸水中，再加入少许盐，焯烫约 5 分钟后捞出沥干待用。

2. 酱油肉洗净，切成薄片，和冬笋一起摆盘。

3. 锅里烧水，水开后，把酱油肉和冬笋一起放入锅里，大火蒸 20 分钟出锅，放入大葱葱丝和红椒丝摆盘，浇熟油爆香。

让胃长到热带海岛

一说到手抓羊肉饭，大家的第一反应都是：真的是要用手抓着吃吗？

最早的时候还真的是不用餐具的，就是直接用手抓着吃，现在在印度和一些中东国家，仍然有用手来抓饭进食的习惯。

其实手抓饭是生活在我国西北地区的蒙、藏、回、维等民族喜爱的传统食物，在他们的日常生活中必不可少，这与他们恶劣的生活环境和独特的生活习惯有很大的关系。外出游牧，数月不归，羊肉是充饥暖身不错的选择，和米饭煮在一起，连饭带菜都有了，特别方便。

手抓羊肉饭的主角是米饭和羊肉，羊肉要选择肥瘦相间的部位，煸炒过的羊肉咸香味十足，所含的油脂可以渗入米饭里，吃起来更香润。而加入微酸微甜的葡萄干，又能起到解腻的作用，也让味道更丰富。我还喜欢再撒上一些松子仁，让米饭吃起来还有一丝坚果香。

学会做这道饭，平日不吃羊肉的朋友也会想吃，毕竟里面的羊肉没有什么膻味。羊肉性温，既能抵御风寒，又能滋补身体，在冬天食用再好不过了。

NOTE

1. 淘米水可以去除羊肉的血水。

2. 洋葱和胡萝卜切丝，不用切很细的，否则后面会找不到。

3. 羊肉和生姜一起煸炒，可以去除羊膻味。

手抓羊肉饭

参考分量 4~5 人份　制作时间 80 分钟　难易程度 ★★★☆☆

用料
Ingredients

羊肉 / 500 克　　葡萄干 / 30 克

紫洋葱 / 200 克　松子仁 / 20 克

胡萝卜 / 200 克　大米 / 300 克

调料
Seasoning

盐 / 15 克　　　　　　　　　生姜 / 3 片

白砂糖 / 10 克　　　　　　　白胡椒粉 / 3 克

生抽（酱油）/ 20 毫升　　　孜然粉 / 15 克

油 / 适量

做法
Steps

1. 大米淘好用等量的清水浸泡，淘米水留着浸泡羊肉 30 分钟，紫洋葱和胡萝卜去皮切粗一点的丝，生姜切片，葡萄干用清水冲洗一下。

2. 热锅，放入羊肉煸炒至缩小变色，再加入生姜片一起煸炒，直至羊肉表面变成金黄色。

3. 把胡萝卜和紫洋葱一起倒入锅中煸炒，直至体积缩小、质地变软。这时候，可以在锅里撒入盐、白砂糖、白胡椒粉、孜然粉和生抽，翻炒均匀。

4. 把锅里所有的食材以及汤汁一起倒入电饭煲里，再把大米和等量的水一起倒入电饭煲里，按下煮饭键，开始煮饭。煮饭结束在米饭上撒上葡萄干，把米饭和羊肉搅拌均匀，继续焖 15 分钟左右。出锅撒上几粒松子仁，就能大快朵颐啦。

Chapter 6

食养好味

有一句俗语是这么说的：现在不养生，老了养医生。夏天，坚持每天早上喝一杯红糖姜枣茶，既能补体内阳气之虚以温中，又能助阳气发散以排寒。其他季节喝，效果也是棒棒哒。关键，还是得要靠坚持哟。

豆子煮开了花，心上也开出了花

　　以前到了夏天，外婆会给我煮一种糖水，里面有三种颜色的小豆子，淡淡的甜味，说是可以清热解暑。后来，我才知道，那叫三豆汤，三种豆子分别为黑豆、红豆和绿豆。

　　三豆汤的方子出自宋代医学著作《朱氏集验方》。三豆汤既是糖水，也是味道超好的药茶，喝不了绿豆汤的人可以喝三豆汤来度夏，有去除夏天倦怠乏力、食欲不振、口腻无味症状的效果。绿豆汤解暑的效果很好，但是性偏寒凉，脾胃虚寒的不能经常喝，三豆汤刚好可以调整一下。

　　黑豆，可以补肾脏，补肾养颜，解毒利尿。红豆可以补心脏，养心补血，祛湿健脾。绿豆可以补肝脏，消肿通气，排毒解压。

　　把三种豆子，洗净浸泡一晚，第二天起床加适量的清水，大火煮开，小火焖煮，脾胃虚寒的还可以加几片小黄姜，等到三种豆子开了花，再撒上少许红糖或者冰糖就好。

　　三伏天是一年中最热的三四十天，出现在小暑和立秋之间，也是一年中气温最高且又潮湿又闷热的日子，处在阳历的 7 月中下旬至 8 月上旬。三伏天里，如果可以坚持不吃冰冷的食物，每周再喝两次三豆汤，而且是每天上午喝，一直喝到处暑，这样人体体内的顽固寒气就能至少去除一半呢。

NOTE

1. 淀粉类干豆不太容易煮烂。可以先将豆子用冷水浸泡 30 分钟左右，放入冷冻室冻成冰块后再加热煮，水经过冷冻，体积膨胀，会把吸收水分后的豆子撑裂，有裂纹的豆子遇热水后易煮开花，这样可以大大节约慢煮时间。

2. 红糖性温，更适合老人和小孩。

3. 三豆汤可以连豆子和汤一起喝，怕太撑的可以只喝汤，把豆子放进破壁机里打豆浆喝。

三豆汤

| 参考分量 | 3~4 人份 | 制作时间 | 90 分钟 | 难易程度 | ★ ★ ☆ ☆ ☆ |

用料
Ingredients

黑豆 / 100 克

红豆 / 100 克

绿豆 / 100 克

调料
Seasoning

红糖或黄冰糖 / 20 克

做法
Steps

1. 黑豆、红豆和绿豆清洗干净，浸泡一晚。

2. 把三豆放入锅中，加入适量的清水，用大火烧滚后转小火慢煮 1 个小时左右。

3. 等三豆都开花了，再撒入红糖或者黄冰糖，继续煮10 分钟左右即可。

在喉咙里跳了支舞

江浙一带有中秋节吃芋艿的习俗，农历八月正好是芋艿上市的时节，而且江南方言念芋艿谐音为"运来"。所以，中秋节吃芋艿，不仅可以享口福，还能讨口彩。

芋艿，口感细软，绵甜香糯，营养价值近似于土豆，但不含龙葵素，易于消化而且不会引起中毒，是一种很好的碱性食物。芋艿可以增强人的免疫力，调整人体的酸碱平衡，还能补中益气，增强食欲，促进消化。

菜场里芋艿的质量参差不齐，好的芋艿第一要摸外皮，颜色棕黄，顶部粉红，表皮完整，没有斑点、干枯、硬化、霉点和芽种，根须少，稍稍带一点湿气。第二要看个头，体形要匀称，鸡蛋大小的个头最好，椭圆形的也不错。第三要掂分量，太重说明芋艿生水，太轻说明水分已经流失，不太新鲜。

芋艿最常见的做法，就是把芋艿煮熟或者蒸熟后，剥了皮蘸糖吃，原汁原味，香甜粉糯，一口一个香。吃多了家常版的甜芋艿，总想吃点升级版的咸芋艿。碧绿的青菜，咸香的咸肉，一起在香滑软糯的芋艿糊里起舞，滑溜溜，软绵绵，令人回味无穷。

NOTE

1. 让芋艿和芋艿水二合一，可以用手持式的搅拌棒，也可以用破壁机，甚至可以什么都不用，之后煮的时候用勺子按压。

2. 用盐捏一下青菜，可以帮助保持青菜的色泽碧绿、口感清脆。

3. 可以根据自己的喜好，在里面加入其他配菜，比如蘑菇丁、笋丁等。

青菜咸肉芋艿糊

参考分量 2~3 人份　　制作时间 30 分钟　　难易程度 ★ ★ ☆ ☆ ☆

用料
Ingredients

芋艿 / 250 克

青菜 / 75 克

咸肉 / 35 克

调料
Seasoning

盐 / 1 克

油 / 适量

做法
Steps

1. 芋艿洗净去皮，切成小块，放在清水里煮，大火煮开小火焖煮。大约 15 分钟后，用筷子戳一下芋艿，可以戳穿就说明芋艿已经酥了。用搅拌棒稍微打一下，让芋艿和芋艿水合二为一。

2. 青菜洗净切成细末，咸肉焯水切成小丁，青菜末用盐捏一下，捏去水分。

3. 另起一锅，锅里倒油，用手感受一下油温，油热后把咸肉放入锅里煸炒至变色出油，再把青菜倒入锅里翻炒，然后把之前打好的芋艿水倒入锅里，同时用勺子搅拌，继续煮 35 分钟，等到锅内汤汁变成浓稠糊状即可关火盛出。

最爱的始终是最初的你

芦笋不是笋,而是蔬菜之王,质地细嫩,营养丰富,口感甘甜清脆,秒杀所有蔬菜。

我们在菜场里看到的大多是绿芦笋,其实还有一种更稀有的白芦笋。颜色的不同其实是种植方法所致,绿色的长在地面上,见得到阳光,白色的则是埋在沙里长成的。所以,绿芦笋清香味十足,而白芦笋则味道更细腻。

芦笋味道鲜美,清洗起来简单,做起菜来也很方便。中国人喜欢炒着吃,外国人喜欢煮着吃,不管怎么吃,都是原汁原味的芦笋最好吃。因为含有天门冬素的缘故,芦笋还有防癌抗癌的功效。

网上有个菜谱叫"露贝夫人芦笋尖",吃法很是奢华,只取用园中新鲜的春天小绿芦笋尖端。芦笋不可以放在水中泡洗,只用流动的水快速冲洗一遍即可。煮好后的芦笋,切下柔嫩的尖端。一磅芦笋配四茶匙牛油,不用炒,只要把牛油加热混合在芦笋里,便可上碟,只加蘸料:半杯奶油加半茶匙盐。要快吃,免得奶油融掉变得水汪汪。

普鲁斯特这位法国作家也爱吃芦笋,《追忆逝水年华》里有一味芦笋菜,配溏心蛋,用芦笋蘸蛋黄吃。普鲁斯特给朋友送水果,也亲自在篮中加一捆芦笋,增加美观度。青绿的杆状,不蔓不枝,浅紫色的尖端,就像含苞的荷花。

芦笋要挑笔直粗壮的,20 厘米长,直径至少达到 1 厘米的芦笋是最好的。买回后,一定不要因为价格高就不下狠手削皮除根。白色芦笋的皮是苦的,必须从头到尾都得削干净,绿色芦笋下半部分的皮也最好削掉,根部两三厘米发硬的部分也不能要。收拾干净的芦笋大概只剩下原来的一半,看了着实让人心疼,但下不了这个狠心,就尝不出芦笋清甜细嫩的美味。

NOTE

1. 洗蘑菇的时候,可以在清水里放点盐,然后顺着一个方向搅拌,这样粘在蘑菇表面的灰尘和杂质就可以很快被清洗掉了。

2. 用热盐水焯烫,可以去除蘑菇的草酸和泥腥味,还能防止蘑菇在炒制过程中大量出水。

3. 芦笋斜着切断,可以让芦笋的横截面最大化,能够入味。

4. 因为蘑菇和芦笋都提前焯烫过,所以炒的时间可以短一些,差不多 2 分钟就够了。

芦笋炒蘑菇

参考分量 2~3 人份　制作时间 20 分钟　难易程度 ★★☆☆☆

用料
Ingredients

芦笋 / 200 克

蘑菇 / 100 克

调料
Seasoning

蒜末 / 5 克

黑胡椒粉 / 2 克

红椒丝 / 2 克

油 / 适量

盐 / 适量

做法
Steps

1. 蘑菇洗净切片，用热盐水焯烫后沥干。芦笋洗净斜着切成段。用热盐水，滴几滴油焯烫后捞出，再用凉水浸凉。

2. 锅里倒油，蒜末和红椒丝先煸炒，等油烧至表面微微冒烟，把芦笋和蘑菇一起放入锅里煸炒，撒盐出锅，摆盘时还可以撒些黑胡椒粉。

冬天里让你如沐春风

知道肚包鸡，是因为一部电视剧《我的兄弟叫顺溜》，剧中不止一次提到肚包鸡，一部军事片活活被我看成了美食片，让我恨不得马上能够喝到汤。

三营长跟战士们说，陈司令平生有两大爱好，一是歪把子机枪，二是肚包鸡。而且据说陈司令有天大的火气，见到肚包鸡上桌，都先消下一半，什么不开心的事都没了。剧中不仅陈大雷爱吃肚包鸡，就连他最宠爱的新四军战士顺溜也很爱吃肚包鸡。剧中一集有个情节是司令员请顺溜一起吃饭，把肚包鸡拿给顺溜吃。顺溜喜欢吃肚包鸡，居然到了连鸡骨头都能一起吃掉的境界！

汤如其名，肚包鸡就是将整只鸡塞入猪肚里，吃的时候，肚有鸡香，鸡有肚鲜。一打开锅盖，一阵浓香扑鼻而来，汤醇鸡黄，猪肚白嫩不烂，入口轻轻咀嚼，鲜味十足，有淡淡的胡椒味，可再依照个人口味撒上少许的葱花或香菜。

在寒冷的冬天喝上一碗热气腾腾的肚包鸡汤，便能如沐春风，从胃里一直暖到心里。

NOTE

1. 老母鸡和猪肚都是整只一起处理。猪肚如果开口面过大，可以用针线或牙签把猪肚缝补一下，这样老母鸡就不会掉出来了。

2. 想把汤炖白，前期可以大火煮，先撒白胡椒粉可以去腥起浓，这样才能把汤炖成奶白色。

3. 吃的时候，把猪肚和老母鸡盛出来切块，蘸取调料吃。

4. 可以加入枸杞和香菜做点缀。

5. 常言道："药补不如食补、食补不如汤补。"不介意中草药味道的还可以在鸡的肚子里塞一些滋补药材，比如黄芪、当归和党参等。我还喜欢在汤里放少许的白灵菇和淮山药，增味提鲜，还能丰富口感。

肚包鸡汤

参考分量　2~3 人份　　制作时间　20 分钟　　难易程度　★ ★ ☆ ☆ ☆

用料
Ingredients

猪肚 / 800 克

老母鸡 / 1000 克

调料
Seasoning

生姜 / 6 片

白胡椒粒 / 10 克

花椒粒 / 2 克

白胡椒粉 / 5 克

盐 / 适量

白醋 / 30 毫升

淀粉（或面粉）/ 30 克

做法
Steps

1. 猪肚放在水龙头下，正反两面翻面冲洗，剪去多余的油脂。再用盐、白醋、淀粉（或面粉）反复揉搓，最后用清水把黏液冲洗干净即可。

2. 1000 克左右重的老母鸡处理干净，把姜片、白胡椒粒和花椒粒塞入老母鸡的肚子里，再把整只老母鸡塞入猪肚里。锅里烧水，肚包鸡冷水入锅，大火烧开后捞出，用热水洗去血水和浮沫。

3. 再烧一锅水并加足水量，水开后把肚包鸡放入锅里，大火烧开后，撒入白胡椒粉，转中火滚 30 分钟左右，改小火慢炖两三小时。炖至汤水呈奶白色，猪肚和老母鸡都可以用筷子戳透了，撒盐，关火。

吃藕不丑还微甜

中秋前后，千呼万唤始出来的莲藕成了菜场里的新宠。好多摊位上都摆了一堆，也不讲究，大大咧咧地摆在那，谁想买了随手挑拣，看中哪根就拣哪根。

莲藕的挑选并不是越白净越好，而是颜色微黄，外表没有损伤，藕节又短又粗，藕孔大、气味香的才是好藕。人的呼吸靠嘴巴和鼻孔，莲藕的呼吸就靠莲藕孔。

俗话说"田九塘七"，藕分两种，池塘里种的藕一般有 7 个孔，体形又短又粗，生藕吃起来味道苦涩，淀粉含量较高，水分少，糯而不脆，适宜煲汤。田地里的藕一般有 9 个孔，体形细而长，生藕吃起来脆嫩香甜，水分含量高，脆嫩、汁多，凉拌或清炒最为合适。藕的口感不同，做法和吃法不同，得到的满足感也不同。

湖北的莲藕最有名，一年四季都长在池塘里，随吃随挖，四季都可以吃到最新鲜的莲藕。但是，并不是一年四季的莲藕都适合煨汤，只有秋冬季节的莲藕才能煨出浓汤来，因为这时的莲藕淀粉含量最足。

莲藕排骨汤是湖北菜中的重头戏，不用精巧地调味，粗粗朴朴的一碗汤，好吃好做，满足全家人的胃。

NOTE

1. 猪小排可以买带肋骨的猪肋排，口感和营养会更好。

2. 炖好的汤呈粉色。"粉"既是指莲藕经过长时间的煮制，与水分子里面的氧产生氧化反应，变成了粉色，也是指莲藕的口感变得绵软，外形依旧是滚刀块，一口咬下去又香又浓，藕丝如胡须般撩人。藕丝不能太多，拉起来不能太重，这样藕就老了；但是没有藕丝的话，藕又显得太嫩，淀粉含量少，吃起来不香。

莲藕排骨汤

参考分量	2~3 人份	制作时间	20 分钟	难易程度	★★☆☆☆

用料
Ingredients

莲藕 / 500 克

猪小排 / 250 克

调料
Seasoning

生姜 / 3 片

盐 / 10 克

葱 / 1 根

做法
Steps

1. 猪小排冷水入锅焯水，把猪小排捞出洗净，肉汤过滤备用。

2. 莲藕洗净去皮，切成滚刀块。

3. 把猪小排、莲藕和生姜一起放入锅里，一次加入足量的肉汤和清水，大火煮开转小火，焖煮两小时左右结束，撒盐、撒葱花就能喝了。

没有一个胖头鱼能逃过砂锅

　　小时候，妈妈经常烧鱼给我吃，每次还要把鱼脑挑出来，放在我的碗里说："小孩子要多吃鱼，尤其是鱼脑，吃了就会变聪明的。"那时候，我还真不知道鱼脑有多好，只知道这东西有点像炖烂的白木耳，软绵爽滑，油而不腻，吸溜吸溜地就吞进了胃里，有一种妙不可言的感觉。

　　鱼头为什么好吃？比鱼身要高许多的脂肪含量可能是关键。鱼脑充满胶质，一口吸下去丰润无比；鱼脸颊肉，就是我们俗称的两块核桃肉，又嫩又鲜。鱼头虽然鱼骨多，但是里面的内容可都是精华。尤其是花鲢鱼头，更是人人皆爱。

　　慢炖出鲜的砂锅鱼头汤，是最普通的做法，也是最能保留鱼头本味的做法，当然这鲜度也要依靠新鲜的食材，所以现吃现杀的花鲢鱼头最好。

　　要炖煮一锅鲜美香浓还不腥的奶白色鱼头汤，也不是一件容易的事情。必须掌握三个诀窍：鱼头必须要煎黄、冷水下锅大火熬、一勺猪油很重要。掌握了这三个诀窍，厨房小白也能在家喝上鲜香奶白、香浓无比、营养丰富的鱼头汤了。

NOTE

1. 煎鱼头的时候不要一直翻动鱼头，一定要等一面煎黄了再翻面，否则鱼头不容易定型。

2. 白胡椒粉有去腥起浓的作用，如果在起锅前放，就只能吃到胡椒粉的辛辣味。盐一定要起锅前放，提早放不利于蛋白质的释放。

3. 要想鱼头汤又白又浓，一开始可以多加点水，最好不要中途再加水。如果中途要加水，也要加开水。鱼头汤里还可以搭配豆腐或菌菇，具体可以根据个人喜好来。

粉皮鱼头汤

参考分量　3~4 人份　制作时间　60 分钟　难易程度　★★☆☆☆

用料
Ingredients

花鲢鱼鱼头 / 1200 克

粉皮（湿）/ 250 克

调料
Seasoning

生姜 / 4 片　　白砂糖 / 5 克　　油 / 适量

猪油 / 10 克　　白胡椒粉 / 5 克

盐 / 15 克　　青蒜叶 / 2 根

做法
Steps

1. 花鲢鱼鱼头撕掉黑膜洗去血水，洗净沥干。不粘锅热锅热油，等油烧至表面微微冒烟，把用厨房纸巾擦干的鱼头放入锅里，中小火慢慢煎至表面金黄，翻面再煎，直至鱼头两面金黄。

2. 砂锅里倒入足量冷水，放入姜片、猪油、白胡椒粉，再放入鱼头，大火烧开，用汤勺撇去锅边的浮沫，大火炖煮 15 分钟左右，直到汤色浓稠呈乳白色。

3. 放入粉皮，烧开后转小火慢炖，把粉皮煮软至透明状即可。撒盐还有少量的白砂糖调味，关火后撒上一把青蒜叶。

春风十里，不如荠菜半斤

流行于南北、没有地域之别的春日鲜蔬，当属韭菜、荠菜和香椿。其中以荠菜的烹饪方法最多，可炖、可煮、可炒、可烹，还可做馅。

荠菜有个好听的别名叫枕头草，《诗经》里就有提到荠菜："谁谓荼苦，其甘如荠。"这足以证明人们食用荠菜的历史源远流长，古人早就知道荠菜的味道之美了。

在野菜中，荠菜的味道是最好的，一来无腥苦，二来无怪味，摘些叶子用手一搓还有些淡淡的甜香，这种不偏不怪的味道，与其他食材搁在一起，淡者出味，浓者提鲜。

荠菜的营养价值很高，所含的蛋白质、钙、维生素 C 尤多，钙含量超过豆腐，胡萝卜素含量与胡萝卜相仿，还富含氨基酸 11 种之多，有明目、止血、和脾、利水、降低高血压、增加肠蠕动等功效，其药用价值正如俗话所说："三月三，荠菜当灵丹。"

每当在菜场里看到一堆一堆的荠菜，我就忍不住要买上一大包带回家做荠菜肉丝炒年糕。碧绿绿、油亮亮的荠菜，紧裹着一片片像极了白玉的年糕，鲜红色的肉丝星星点点地加以点缀，感觉三种食材有一种握手言和般的美好。

NOTE

1. 腌制肉丝，可以放少量的糖提鲜，取代味精、鸡精的作用。

2. 荠菜因为是野菜，所以清洗起来比较费工夫，可以用淘米水来浸泡荠菜去除泥沙。

3. 第一次煸炒荠菜的时候，要注意时间，不能炒过头了，毕竟荠菜还要第二次煸炒。

4. 可以用猪油代替油。

荠菜肉丝炒年糕

参考分量 2~3 人份　制作时间 20 分钟　难易程度 ★★☆☆☆

用料
Ingredients

荠菜 / 100 克

猪里脊肉 / 80 克

年糕 / 600 克

冬笋 / 80 克

调料
Seasoning

盐 / 3 克

白砂糖 / 2 克

料酒 / 5 毫升

淀粉 / 2 克

做法
Steps

1. 猪里脊肉洗净切成肉丝，用盐、白砂糖、料酒、淀粉腌制 15 分钟左右；冬笋焯水后切丝；荠菜去根去黄叶洗净沥干，切碎；年糕稍微冲洗一下，沥干。

2. 锅里倒油，油热后把荠菜和冬笋丝放入锅里煸炒，炒至断生快速盛起。

3. 锅里倒油，油热后把肉丝放入锅里滑炒，肉丝变色盛出。

4. 锅里倒油，油热后把沥干的年糕倒入锅中煸炒，淋少许水，不断翻炒。炒至年糕变软，再把荠菜、冬笋丝和里脊肉丝放入锅里，撒盐调味，稍微翻炒几下出锅。

抚慰心灵的夏日解药

民间流传着许多关于姜的谚语，比如"早吃三片姜，赛过人参汤""冬吃萝卜夏吃姜，不劳医生开药方""男人不可一日无姜"等等。可见，姜实在是个好东西。生姜是每家每户必不可少的调味品，也是可以治百病的药用食材。

经过一个冬天、一个春天，人体内积聚的病气会很多。夏天吃姜，有排汗降温、兴奋提神等作用，可以缓解疲劳、乏力、厌食、失眠、腹胀、腹痛等症状，生姜还有健胃、增进食欲的作用。

平时我们在菜场里看到的都是最普通的生姜，甚至是用硫黄熏过的生姜。所以挑选的时候　定要擦亮你的"火眼金睛"。　用眼看，正常生姜的颜色是淡黄色的，表面粗糙干燥；二用手捏，肉质坚挺，不酥软；三用鼻闻，正常的生姜带有淡淡的辛辣味，而不是索然无味。

我微店里的销量冠军，竟然就是红糖姜枣膏。好多回头客每年都坚持买坚持喝，毕竟自己在家熬膏不但麻烦，而且一次熬很多储存也是问题，买一罐喝上一个月正好。

有一句俗语是这么说的："现在不养生，老了养医生。"夏天，坚持每天早上喝一杯红糖姜枣茶，既能补体内阳气之虚以温中，又能助阳气发散以排寒。其他季节喝，效果也是棒棒哒。关键，还是得坚持喝哟。

NOTE

1. 因为没有添加任何添加剂和防腐剂，所以不开盖放冰箱冷藏的保质期为一个月左右。

2. 开盖后，尽量要每天坚持吃，一是为了保证养生效果，二是尽量要早些吃完以免影响质量。

3. 每天清晨或上午，干净的勺子挖1~2勺红糖姜枣膏，用开水冲泡，记得把里面的生姜末和红枣粒一起吃下去哦。切记，下午和晚上不能喝哦。早吃姜，补药汤；午吃姜，痨病找；晚吃姜，见阎王。

4. 女生如遇痛经或是月经量少的，可以继续喝。一般经期还是不建议喝的。

5. 女生坐月子期间是可以喝的，红糖姜枣膏可以帮助排恶露、补气血。

红糖姜枣膏

| 参考分量 | 6~9 人份 | 制作时间 | 90 分钟 | 难易程度 | ★★☆☆☆ |

用料
Ingredients

四川小黄姜 / 500 克

新疆和田大枣 / 250 克

调料
Seasoning

广西古法红糖 / 500 克

做法
Steps

1. 把小黄姜洗净，用小刀刮去脏的皮，切成大块。

2. 清水冲洗红枣，用剪刀把红枣去核，剪成小粒。

3. 把小黄姜和红枣放入破壁机中打碎后，加入适量的纯净水，大火煮沸小火熬煮，过程中需要不断地搅拌，以防糊底。等水分蒸发的时候，再加入红糖，待红糖融化就能收膏了。

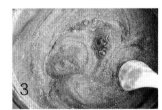

4. 用质量上乘的带盖玻璃罐，先将玻璃罐用 100℃ 的沸水滚烫消毒，然后自然沥干。趁红糖姜枣膏还是热的时候装瓶，盖紧瓶盖倒放形成真空。装瓶的时候一定要小心，大热天的以免烫伤。

— Chapter 7

颜值最高

《致匠心》有一段话说得很好：人不能孤独地活着，之所以有作品，是为了沟通。透过作品去告诉人家：心里的想法、眼中看到世界的样子、所在意的、所珍惜的。所以，作品就是自己。

一碗小小的炖水蛋，就是你眼中世界的样子。

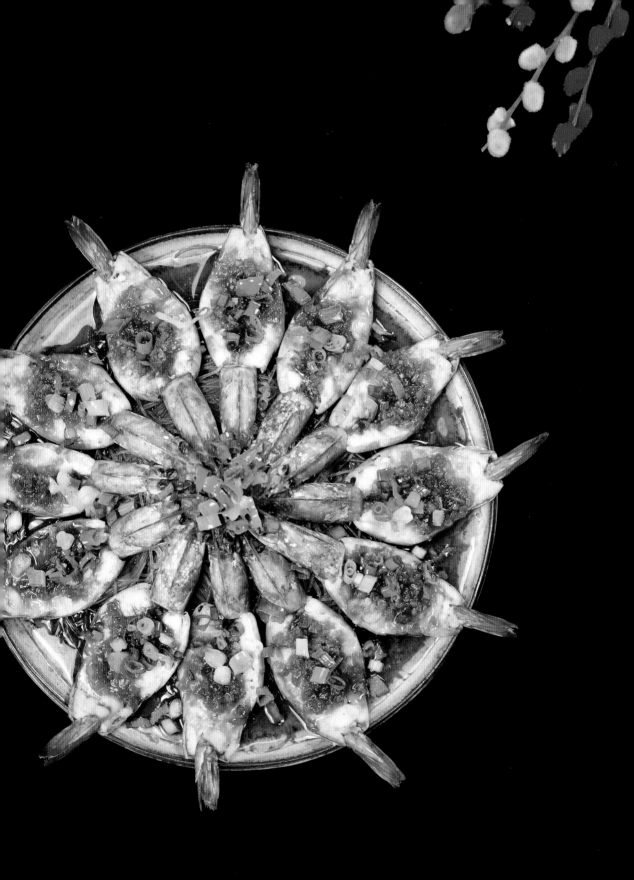

星星落进了你的碗里

炖水蛋, 我从小吃到大, 可以作菜也可以作汤, 也可以当作点心。

小时候, 妈妈经常会炖水蛋给我吃, 细腻嫩滑的鸡蛋, 淋点酱油和芝麻油, 再拌入米饭里, 感觉这样就很满足了。长大后, 才知道, 原来在水蛋上面可以放很多配料, 比如蛤蜊、瑶柱、秋葵等。

最常见的是蛤蜊炖蛋, 别看这道菜在外面卖得很便宜, 但是这可真的是一道功夫菜。偷懒把蛤蜊和鸡蛋液一起炖的话, 就要出问题啦, 两种食材不是你先熟, 就是我先熟, 最后根本没法上桌。我的方法是锅里烧一点点水, 放入葱姜料酒, 水开后把洗净的蛤蜊放入锅里, 等蛤蜊张嘴了就捞出, 掰去一半的壳, 把一枚枚的半壳蛤蜊码在碗底。焯烫蛤蜊的汤汁过滤残渣, 趁温热倒入蛋液里一起打匀, 再把带有蛤蜊汤汁的蛋液淋入碗里, 让每一枚半壳蛤蜊都能接受爱的洗礼。

《致匠心》有一段话说得很好: 人不能孤独地活着, 之所以有作品, 是为了沟通。透过作品去告诉人家: 心里的想法、眼中看到世界的样子、所在意的、所珍惜的。所以, 作品就是自己。

一碗小小的炖水蛋, 就是你眼中世界的样子。

NOTE

1. 建议用土鸡蛋, 口感会更好。

2. 顺着一个方向打蛋液, 可以让蛋液更加顺滑。

3. 所有的动作都必须轻轻的, 否则会激起泡沫。

4. 蛋液里面滴一滴素油, 炖出来的水蛋就不会粘底; 冷水蒸, 逐渐升温, 蛋液里外的嫩熟程度就能一致。

秋葵炖蛋

参考分量 2~3 人份　制作时间 20 分钟　难易程度 ★ ★ ★ ☆ ☆

用料
Ingredients

秋葵 / 半根

鸡蛋 / 2 个

调料
Seasoning

盐 / 2 克

油 / 2 滴

做法
Steps

1. 鸡蛋加盐，滴 2 滴油，顺着一个方向打匀，用极细的过滤网过滤鸡蛋液 3 次，再加 2 倍多的温水，把鸡蛋液继续顺着一个方向打匀，静置直到鸡蛋液消泡。

2. 把洗好的秋葵切成 3 毫厚度的薄片，轻轻地放在鸡蛋液上。

3. 在鸡蛋液上覆盖一层保鲜膜，用牙签戳几个洞，锅里烧水，把鸡蛋液冷水入锅，水开后蒸 10 分钟即可。

咬一口不老的灵魂

爸爸六十大寿那一年，我送给爸爸的礼物就是带他去香港玩。

爸爸第一次去香港，兴奋得像个孩子，每天跟我一样早起晚睡，不愿错过在香港的每分每秒。我把每天的行程安排得满满的，除了带爸爸去一些经典景点游玩，自然还要带爸爸吃吃吃。

吃过几家好吃到犯规的餐厅后，爸爸跟我说："我发现一个奇怪的现象，香港人怎么都喜欢吃水果菜？柠檬、甜橙、菠萝、杧果、荔枝、木瓜、香蕉……这些本该是餐后的水果竟然都成了主菜，关键还很好吃。"

是的，香港厨师厉害的地方在于，水果入菜并不是单纯作为点缀，而是真的与其他食材融为了一体，形成了一种复合的口味。无论是酸或是甜，还是鲜嫩或是滑糯，无一例外的都是清新爽口。

再想到上海的美食，水果入菜最有名的要数菠萝咕咾肉，酸酸甜甜的菠萝、外脆里嫩的咕咾肉，两者搭配在一起，色泽鲜亮，酸甜适口，第一口就能把吃货给征服。

那一次的香港之行，给我和爸爸都留下了深刻的印象和美好的回忆。爸爸辛苦工作了三十多年，终于可以放慢脚步享受生活了。真希望爸爸不会变老，我可以陪他去看看更大的世界。

NOTE

1. 里脊肉买回来用刀背稍稍拍松，可以让肉质更加松嫩。

2. 菠萝最好挑选熟一些的，口味比较好。

3. 炸东西建议选用口径小一点、深度深一点的锅，会比较省油。

4. 家里没有番茄酱的可以用番茄沙司代替，但是味道和颜色都会淡一些哦。

5. 里脊肉一定要复炸，这样会更加香脆。

菠萝咕咾肉

参考分量 2~3 人份　　制作时间 20 分钟　　难易程度 ★★★☆☆

用料
Ingredients

里脊肉 / 220 克

菠萝 / 220 克

青椒 / 30 克

红椒 / 30 克

洋葱 / 50 克

调料
Seasoning

盐 / 5 克

白砂糖 / 10 克

白胡椒粉 / 2 克

鸡蛋 / 1 个

淀粉 / 50 克

番茄酱 / 60 克

白醋 / 5 毫升

淀粉水 / 10 毫升

做法
Steps

1. 里脊肉用盐、白砂糖、白胡椒粉和鸡蛋腌制，记得用手给里脊肉按摩哦，抓匀后可以放冰箱冷藏 1 小时以上。

2. 菠萝切块，用盐水浸泡。青椒、红椒和洋葱也切块备用。

3. 淀粉过筛，包裹每一块腌制好的里脊肉。

4. 锅里倒油，大火，把油烧至表面微微冒烟，把里脊肉一块块放入热油中，记得用筷子动一下，尽量不要让它们难舍难分，炸到表皮金黄色，捞出。再大火把油加热，把里脊肉放入锅里复炸，10 到 20 秒钟捞出沥油。

5. 把锅里多余的油倒出，留有余油，放入洋葱、青椒、红椒炒到八分熟，放入菠萝，稍稍翻炒，全部盛出备用。

6. 锅里放番茄酱和小半碗水，小火熬至番茄汁变浓稠，放入白砂糖，倒入少许白醋，淋入淀粉水，翻拌均匀。

7. 汁水完全融合后，放入炸好的里脊肉，快速翻炒裹上酱汁，最后放入洋葱、青椒、红椒和菠萝，稍稍翻炒就能出锅。

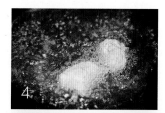

从此走向人生巅峰

我家老龚对水产可以说是情有独钟，除了各种鱼类、贝类，吃得最多的莫过于虾类了。虾肉性温味甘，不仅不会造成口感上的饱腻感，还富含多种营养物质，经常食用能增强人体免疫能力。除了对虾过敏的人，不夸张地说，我几乎没遇到过能够抗拒虾的诱惑的吃货呢！

菜场里活蹦乱跳的虾，总是吸引着我前去逛逛看看，斑节虾、草虾、基围虾、河虾……虾是一年四季都有，但吃虾的最好季节是夏季，因为这个时候虾是最有营养的，而且比较肥美。

吃多了盐水虾和油爆虾，总想换换口味来点不一样的，那就是做一道颜值超高又很能撑台面的花开富贵虾。

李渔曾说：虾为荤食之必需。虾肉鲜甜嫩滑，任何食材和它搭配，都会变得更加风味鲜美，而加了蒜蓉汁后，虾味更是被激发得无处安放。长得好看，也有个好名，而且可以凑个好数，可以封它为家宴里的扛把子。

我还曾经在方太烹饪教室里教大家做过这道菜，即便是只会做番茄炒蛋的初阶小兵，也能把这道菜漂漂亮亮地完成，收了家里人的心，从此走向人生巅峰。

NOTE

1. 挑选虾的时候，尽可能选择当季肉质相对肥美多汁的虾，口感会更好。

2. 用刀背拍打虾身，敲断虾筋，可以让虾在蒸煮的过程中不易蜷起来影响美观。

3. 粉丝需要用温水才能完全泡发。用冷水不但不能充分泡发，还容易造成糊锅。用热水泡发欲速则不达，外表软烂里面坚硬。

4. 实际蒸煮的时间根据虾的大小来决定。

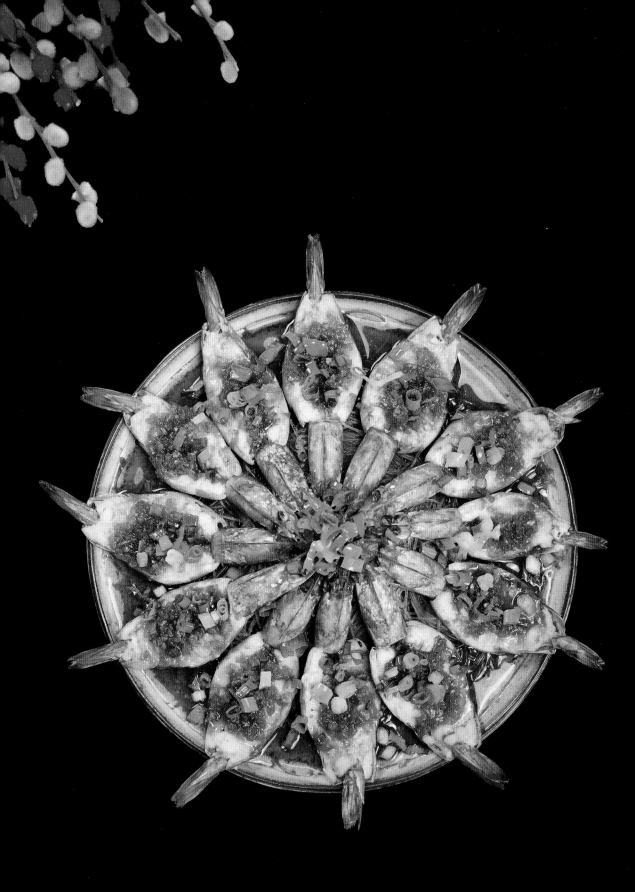

花开富贵虾

参考分量 3~4 人份　制作时间 30 分钟　难易程度 ★ ★ ★ ☆ ☆

用料
Ingredients

大虾 / 10 只

粉丝 / 1 把

蒜末 / 30 克

小葱 / 2 根

调料
Seasoning

白砂糖 / 5 克

盐 / 3 克

醋 / 3 毫升

生抽（酱油）/ 20 毫升

蒸鱼豉油 / 20 毫升

白胡椒粉 / 3 克

油 / 适量

做法
Steps

1. 粉丝提前用温水泡发 30 分钟，捞出沥干备用；大虾冲洗干净，剪去的虾钳与虾须，加入少量清水煮成汤汁备用。

2. 用厨房专用剪刀，从虾头与虾身交界处剪开，一般剪开 1/2 或者 2/3，不要剪断；将虾身沿着虾的背脊剪开，不要剪断，摊开后，用牙签挑出泥肠。

3. 清水冲洗干净，并用刀背拍打虾身几下，敲断虾筋。

4. 热锅冷油，先煸炒蒜蓉至金黄，然后加入白砂糖、盐、醋、生抽、蒸鱼豉油、白胡椒粉，再加入先前煮好的汤汁，做成蒜蓉汁。

5. 将粉丝绕成小团，摆放在盘子中间，将虾头朝里，码成花朵形状。

6. 把蒜泥汁淋在虾身上，锅里烧水，水开后把虾放入蒸6分钟左右。

7. 出锅，撒上葱花，记得淋上熟油爆香哟，一盘好吃、营养、养眼的花开富贵虾完成啦！

让人迷恋的甜蜜饯儿

据说山东是拔丝菜的发源地。蒲松龄在《聊斋文集》中就提到过"而今北地兴握果，无物不可用糖粘"，说明当时山东就已经开始流行拔丝菜了。

拔丝就是指将糖熬成能拔出丝来的糖液，包裹于炸好的食物上的烹饪方法。常见的有拔丝苹果、拔丝山药、拔丝红薯、拔丝香蕉，虽然主要食材不一样，但烹饪手法以及摆盘造型都是大同小异。

拔丝的难点，在于炒糖色。用水炒糖比用油炒糖相对简单些，最早的糖水，是淡黄色，冒着清晰可见的大泡泡，经过慢慢搅拌慢慢熬煮，最后的糖汁，变成了棕黄色，冒着密密麻麻的小泡泡，让密集恐患者惧症简直要抓狂。除了看颜色看形态，还可以准备一碗凉水，用筷子蘸取糖汁，快速把糖液放入凉水里，然后再抽出筷子品尝，看看糖汁是否变脆。如果变脆，就赶紧把提前准备好的还是热的食材倒入糖汁中，翻拌均匀，摆盘造型。

吃拔丝菜时一定要准备一碗凉水，要趁热吃，又不能心急，要蘸一下凉水再吃，快速降温，既避免烫嘴，也可使糖衣变脆而不粘牙。否则这拔丝真的会很给面子的，任你把它拔得有多长有多远，和你缠缠绵绵地纠缠不清。

NOTE

1. 有一定厨房经验的，建议可以一边油炸红薯，一边熬糖浆，左右开弓，提高效率。

2. 红薯要切得大小均匀，还要沥干或擦干，油炸的时候要适当地推动。

3. 熬糖浆一定要小火，反复加热、反复融化都没问题，只要别糊了就行，否则会影响色面和口感。

4. 装红薯的盘子抹一层油，以免粘盘。

拔丝红薯

参考分量 2~3 人份　　制作时间 40 分钟　　难易程度 ★ ★ ★ ★ ☆

用料
Ingredients

红薯 / 250 克

调料
Seasoning

白砂糖 / 125 克

麦芽糖 / 50 克

水 / 200 毫升

油 / 适量

做法
Steps

1. 红薯去皮洗净，切成大小均匀的滚刀块，沥干或用厨房纸巾擦干。

2. 锅里倒油，等油烧至表面微微冒烟，拿筷子放在油里四周冒泡的状态，把红薯倒入锅里油炸，全程中小火，炸至红薯呈金黄色捞出。

3. 把白砂糖、麦芽糖和水混合倒入不粘锅里，搅拌均匀，大火煮开，小火慢熬，熬到糖浆变脆的程度。

4. 把红薯倒入锅里，翻拌均匀，使糖浆完全裹在每一块红薯上，快速出锅。

5. 盘子上抹一层油，把红薯装盘，用筷子或叉子蘸取锅里剩余的糖浆，围绕着红薯绕圈绕出丝来。

年年有鱼年年余

鲈鱼是我们最常见的鱼之一，鲈鱼身上最明显的"标志"就是鱼背上有很多的黑色圆点。

鲈鱼在历史上有着举足轻重的地位，从古至今，很多文人墨客毫不吝啬对鲈鱼的赞美，李白、杜甫、范仲淹陆游等人都为鲈鱼作诗吟词。

市面上，除了鲜活的淡水鲈鱼，还有冰鲜的海鲈鱼，两者价格相差不大，但是口感还是有很大差别的。海鲈鱼的体形要比淡水鲈鱼大，由于是冰鲜货，所以腥味重肉质柴，一般用来红烧居多。

淡水鲈鱼，以清蒸居多。不讲究的，把鱼洗净，撒盐，倒料酒，配上葱姜，直接上锅蒸。讲究一些的，可以用刀切割鲈鱼，让鲈鱼立马开屏。开屏鲈鱼不但可以达到视觉上的震撼效果，更可以缩短蒸鱼的时间，在家宴当中担当扎台型的大菜。

别看蒸鱼人人都会，可是要把鱼蒸得肉白如雪、鱼肉细腻，也是有技巧的，比如在鱼身两侧插上洋葱片，在鱼身上放上一坨猪油，最后再用热油爆香葱花。烹饪技巧在于融会贯通，而不是简单叠加。方法都是一样的，清蒸其他的鱼也可以用同样的技巧。

NOTE

1. 鲈鱼的血丝和黑膜一定要清理干净，否则会导致蒸完以后，鲈鱼很腥。

2. 洋葱丝可以起到去腥提香的作用，猪油可以起到让鱼肉香滑鲜美的作用。

3. 具体蒸鱼的时间还要根据鱼的大小来决定。

开屏鲈鱼

| 参考分量 | 2~3 人份 | 制作时间 | 20 分钟 | 难易程度 | ★ ★ ☆ ☆ ☆ |

用料
Ingredients

鲈鱼 / 1 条

调料
Seasoning

小葱 / 2 根　　　　　　蒸鱼豉油 / 15 毫升

生姜 / 4 片　　　　　　料酒 / 5 毫升

洋葱 / 6 片　　　　　　盐 / 5 克

小米椒 / 2 根　　　　　猪油 / 1 勺

做法
Steps

1. 鲈鱼洗净后，先把鱼头切下，再从鱼的背部垂直下刀，将鱼身切成间隔 1 厘米左右的宽片，要保持鱼肚部分的鱼肉相连（切口距离鱼肚 1 厘米左右），切完后将鱼尾切下。

2. 把姜片和洋葱片均匀铺在盘子上，将鱼头、鱼身和鱼尾摆出扇面造型，把料酒、盐和猪油均匀地抹在鱼身上。

3. 锅里加水，水开后把鱼放入，盖上锅盖，蒸 6 分钟左右。蒸好以后，淋上蒸鱼豉油，把葱末和小米椒圈铺在鱼身上，浇熟油爆香。

上桌了还滋滋作响

俗话说：端午黄鳝赛人参。端午前后，是吃黄鳝的最好时节。黄鳝本就软滑无刺，再经过一个冬天和一个春天的蓄养，格外的肥美体壮。

小时候，我最爱跟在妈妈屁股后面去菜场买黄鳝。先烫后划，用塑料签把黄鳝去骨，划成一丝一丝的，感觉特别神奇。

挑选黄鳝，一看颜色，黄色带斑；二摸表皮，柔软无伤疤；三试手感，抓不牢的黄鳝新鲜有劲道。氽烫黄鳝，一般需要麻烦摊主帮忙完成，记得要千叮咛万嘱咐，黄鳝不能烫熟了，烫得生一些，划丝难度会增大，但烹饪起来口感也会更好。氽烫过熟的黄鳝肉质呆板，鲜味尽失，味道也渗入不了。

黄鳝如果只是被切成了段，叫鳝段；被去骨切成片的，叫鳝背；被去骨划成了丝，叫鳝丝。在上海，鳝丝最有代表性的做法是响油，炒好的鳝丝，撒上白胡椒粉和蒜末，噼里啪啦地淋上熟油，有声有色有滋味，几乎所有的本帮餐厅都会有这道响油鳝丝。

而我最爱吃的是湖州名菜烂糊鳝丝，相传在清乾隆年间，乾隆皇帝下江南路过南浔，品尝之后，大赞味道鲜美、回味无穷，因此把烂糊鳝丝列为宫廷菜肴，这道菜由此成名。

这道菜的做法类似于淮扬菜里的炒鳝糊，最大的特点是颜值高，五颜六色的好似山花烂漫，重油蒜辣、柔软鲜嫩，蒜泥香和火腿香完美融合。

吃完鳝丝的油不要倒掉，第二天买块豆腐，撒点葱花煨一煨也是极好的。

NOTE

1. 鳝丝一定要把肚肠和血丝清洗干净，否则炒出来的鳝丝会有泥腥味。

2. 炒鳝丝，油要旺，动作要快，所以调料可以提前调配好，直接一次倒入即可。

3. 最后淋入的猪油一定是烧得滚烫的，这样才能把蒜末的香味爆到极致。

烂糊鳝丝

参考分量 2~3 人份　　制作时间 20 分钟　　难易程度 ★★★☆☆

用料
Ingredients

鳝丝 / 400 克

调料
Seasoning

火腿丝 / 20 克

鸡胸脯丝 / 20 克

青椒丝 / 20 克

虾仁 / 20 克

蒜末 / 20 克

猪油 / 40 克（30 克 +10 克）

料酒 / 10 毫升

生抽（酱油）/ 15 毫升

老抽（酱油）/ 15 毫升

白砂糖 / 10 克

水淀粉 / 10 克

白胡椒粉 / 2 克

芝麻油 / 5 毫升

做法
Steps

1. 鳝丝洗净，去除肚肠和血丝，用刀切成小段；青椒丝，用沸水焯烫；虾仁用熟猪油炒熟，沥干油；火腿丝、鸡胸脯丝，用沸水焯烫。

2. 锅里倒入猪油（30 克），等油烧至表面微微冒烟，放入鳝丝煸炒至变色，再倒入调配好的调料（料酒、生抽、老抽、白砂糖），翻炒均匀后，用淀粉水勾芡，出锅装盘。

3. 在炒好的鳝丝当中挖一个洞，撒上白胡椒粉、淋上芝麻油，将配料分类堆放在洞周围，中间放上蒜末，再淋上烧沸的猪油（10 克），立即上桌。

这款蛋挞，让你边吃边瘦

香菇，又叫香蕈（xùn），是世界第二大食用菌，在民间素有"山珍之王"之称。

人们常说的"三菇六耳"，是多种真菌食材的统称，是食素者的最佳营养来源之一。"三菇"指的是香菇、草菇和蘑菇，"六耳"指的是木耳、银耳、石耳、榆耳、黄耳、桂花耳，这其中，香菇以其浓郁的风味、丰腴的口感、超群的营养，牢牢占据"三菇六耳"的第一名。不仅是素斋必备，也是家常菜大受欢迎的食材。经常食用香菇，可以增强人的免疫力，延缓衰老，防癌抗癌，还能降"三高"。

香菇的气味，其实来自于其中的鸟苷酸，这是大多数菌类中存在的物质。新鲜香菇与干香菇气味不同的原因，主要在于其中鸟苷酸含量的多少。香菇在干燥的过程中，会产生大量的鸟苷酸，其含量大约是新鲜香菇的 2 倍。所以，干香菇的气味更浓郁，味道也更鲜美。

香菇的做法有很多，煲汤、炒菜、煮粥，它都是很好的配角，起到提鲜增香的作用。但有一道菜，让香菇终于当上了主角，那就是香菇蛋挞。此蛋挞非彼蛋挞，不是甜的，而是咸的；用的不是鸡蛋，而是鹌鹑蛋；蛋挞皮不会起酥，而会出水。

香菇蛋挞是一道创意菜，鹌鹑蛋和香菇结合，口感不但完美而且营养恰到好处，做起来也简单，关键还是颜值高。

NOTE

1. 清洗香菇的时候，一定不要把香菇洗破了，会影响颜值的。

2. 鹌鹑蛋比鸡蛋营养更好，也更适合老人和小孩。

3. 出锅后，如果想吃重口味的，还可以用生抽、糖、蚝油、淀粉等调汁勾芡。

香菇蛋挞

参考分量 2~3 人份   制作时间 20 分钟   难易程度 ★★☆☆☆

用料
Ingredients

新鲜香菇 / 6 朵

鹌鹑蛋 / 6 颗

调料
Seasoning

盐 / 3 克

芝麻油 / 5 毫升

小葱 / 2 克

做法
Steps

1. 香菇去除根蒂，洗净装盘。

2. 在每个香菇上撒一点点盐，打入鹌鹑蛋。

3. 锅里加水，水开后把香菇蛋挞放入蒸 10 分钟；出锅后，淋几滴芝麻油，撒上葱花即可。

质朴无华见纯真

　　记得曾经在哪本书上看到过，一个人一天要吃上近 10 种颜色的蔬菜才好，否则就会营养不全。可是一天也很难做 10 道蔬菜啊，只能奇思妙想，把所有好看的蔬菜都集合在一起。

　　荷塘小炒，算是素食中的经典菜了，听这名字就是诗情画意的调调，颜值也是相当的秀气美丽，不过，它的做法特别接地气，谁都能轻松上手搞定。

　　这道菜以莲藕为主，加上荷兰豆、黑木耳和胡萝卜做配饰，多种健康蔬菜，营养均衡，味道鲜美，爽口清新。虽然制作简单，但是无论在营养上还是搭配色彩上都相当出众。纯素也可以让人食指大动，垂涎欲滴。因为要突出荷塘的清新和质朴，所以这道菜只需少许的盐提味即可，千万不能用深色的生抽或老抽，否则这盘菜就失去本色了。

　　如果想要这道菜更上档次，还可以再加一把新鲜鸡头米。鸡头米是苏州的特产，每年中秋节后上市，鸡头米本身不贵，最贵的是人工，因为一颗一颗地剥起来可真的是功夫活。所以，新鲜鸡头米的价格每年都在噌噌地往上蹿。

NOTE

1. 莲藕去皮后容易氧化，要放在清水里浸泡，也不能用铁锅炒。

2. 所有食材不能混合焯烫，否则会难以保持食材的脆爽口感。

3. 这道菜还可以多样化搭配，按照个人喜好放入颜色协调的食材。

荷塘小炒

参考分量 2~3 人份　制作时间 15 分钟　难易程度 ★★☆☆☆

用料
Ingredients

藕 / 100 克

干黑木耳 / 5 克

胡萝卜 / 50 克

荷兰豆 / 100 克

调料
Seasoning

盐 / 1 克

油 / 10 毫升

做法
Steps

1. 莲藕去皮洗净，切成薄片，放在清水里浸泡。

2. 荷兰豆去茎去头去尾巴，洗净；黑木耳提前用冷水泡发 1 小时，洗净撕成小块；胡萝卜去皮洗净，用花式刀切出花片。

3. 烧锅开水，烧开后依次把藕片、胡萝卜、荷兰豆和黑木耳放入焯水，捞出过凉，滤干水分。

4. 锅里倒油，等油烧至表面微微冒烟，把所有材料放入爆炒 1 分钟左右，撒盐，翻炒均匀就能出锅。

咬一口就是满满的幸福

俗话说：好吃不过饺子。饺子是一种历史悠久的民间小吃，逢年过节，更是餐桌上不可或缺的吃食。

因为状似金元宝，春节吃饺子有"招财进宝"的寓意。饺子里有丰富的馅料，可以把各种吉祥如意的东西包到馅里，比如红枣、花生，甚至是硬币，以寄托对新的一年的祈望。

但是每次包饺子的时候，都会有一件烦恼的事情，就是馅料和饺子皮的比例总是拿捏不准，宁可多买点饺子皮也不想浪费更值钱的馅料。但饺子皮剩多了，自然也会心疼，虽然不贵但也不想浪费。

最常规的做法，就是用剩余的饺子皮来煮面皮汤，配上一点肉片和蔬菜，又成了一道美味的主食。但是还有很多更美味的做法，不懂你就亏大了。比如葱油饼、烧卖、炒面片、墨西哥虾饼、迷你比萨……每一道都是饺子皮的华丽转身，每一道都可以美成一道光。

最最简单的要属糖果烤肠了，酥脆的果皮配上 Q 弹的烤肠，一定会让你爱不释口。做早餐，做零食，做下午茶，都是很好的选择。

不浪费，花心思，巧妙地把手上的剩余食材变成又一道色香味俱全的美食，这是每一位煮妇需要终身学习的必修课。

NOTE

1. 炸的时候一定要注意用小火，否则容易造成饺子皮夹生没有炸透。

2. 下锅的时候，注意用筷子夹紧糖果烤肠的尾部封口处，大约 10 秒后可以放开，以免在油炸的过程中散开变形。

糖果烤肠

参考分量 3~4 人份　制作时间 20 分钟　难易程度 ★☆☆☆☆

用料
Ingredients

饺子皮 / 10 张

小烤肠 / 10 根

调料
Seasoning

番茄沙司 / 10 克

油 / 适量

做法
Steps

1. 将饺子皮边缘捏薄，在饺子皮中间放入小烤肠，用饺子皮包裹住。

2. 轻轻扭转饺子皮的两侧定型。

3. 用叉子在饺子皮的两侧按压做造型。

4. 锅里倒油，等油烧至表面微微冒烟，转小火，把糖果烤肠放入锅里油炸，适当翻转，把糖果烤肠炸到金黄色即可，大约两分钟。沥油出锅，建议蘸番茄沙司吃。

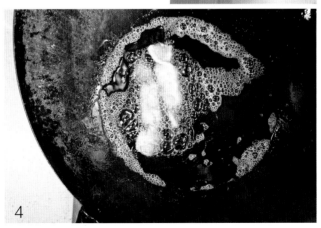

食碗糖水，消暑气

　　每次去吃粤菜，即便吃到打饱嗝，我家老龚都不忘点上一份杨枝甘露，他说他就喜欢这酸甜清爽的味道，如果没有吃到杨枝甘露，这顿粤菜就不够完整。

　　据说杨枝甘露二十世纪 80 年代由香港的利苑酒家首创，将柚子拆成丝，杧果切成粒，拌在西米、椰浆、黑白淡奶及杧果泥中，冷藏后食用。同样叫杨枝甘露，可是每家餐厅做的却又有不一样，食材的新鲜程度和食材之间的配比，决定了一碗杨枝甘露是否好吃。

　　杧果不能挑选表皮发黑发皱的，要挑选杧果蒂可以按压下去的成熟杧果，只有成熟的杧果口感才会最佳。柚子的个头不一定要大，但是分量一定要足，代表水分多，而且柚子的表皮不能有凹陷，否则就是不新鲜了。

　　杨枝甘露名气虽响，但做法真的不难。只要准备好杧果、西柚、椰浆和西米这四种食材，自己在家也可以轻松做出港式甜品店的招牌。每到夏天，我家老龚就喜欢捧着一盆杨枝甘露大快朵颐，毕竟家里做的总是最美味的。

NOTE

1. 分两次煮小西米，可以让小西米更加 Q 弹。

2. 西柚相对比较苦涩，如果喜欢甜味的，可以换成其他品种的柚子，但是颜值就没那么高了。

3. 做好的杨枝甘露冷藏 30 分钟后再吃，味道会更好。

杨枝甘露

参考分量 4~6 人份　制作时间 40 分钟　难易程度 ★★☆☆☆

用料
Ingredients

小西米 / 100 克　杧果泥 / 300 克

椰浆 / 100 克　杧果粒适量

黑白淡奶 / 175 克　西柚粒适量

调料
Seasoning

白砂糖 / 100 克

水 / 250 毫升

做法
Steps

1. 在锅里加入足量的清水，煮沸后加入小西米，一直保持沸水煮状态，一边煮一边搅拌，以防粘底。大约10 分钟以后，把小西米取出，用清水把它冲洗干净。

2. 锅里再煮一锅水，沸腾后把小西米继续放入沸水里，大火煮 5 分钟左右，煮的过程继续搅拌，一直煮到小西米几乎完全透明，但中间还有小白点的状态关火，盖上锅盖焖 20 分钟左右，直至小西米变成全透明，将小西米取出后，马上用大量纯净水（冰水更佳）冲洗，沥干备用。

3. 取 100 克的白砂糖，加 250 毫升的水，煮沸后熄火，
　 倒入煮好的小西米冷却。

4. 等小西米降温到 40℃以下，加入淡奶油、椰浆和杧
　 果泥，搅拌均匀冷藏。吃的时候可以撒上适量的杧果
　 粒和西柚粒。

Chapter 8

网红美食

　　有一首歌曾经红极一时："我在人民广场吃着炸鸡……"上海的人民广场，或许注定就是吃货们的集散地。除了歌曲里的炸鸡，还有网红鲍师傅、喜茶、杏花楼。有闲的，去排队，排队 8 小时等于上了一天班；有钱的，找黄牛，多花几十元买了别人的时间。

层层酥香扑面而来

记忆中的月饼包装简单，风味醇香，甜蜜酥软，似乎是童年最深刻的甜蜜味道。那时候，家里条件很一般，在月饼最火爆的时期，妈妈总会买上一两个我最爱吃的月饼，一刀切，一家人分着吃。

中秋节后，商场超市里的月饼纷纷开始打折促销，这时候妈妈才会买上很多我要吃的蛋黄莲蓉月饼，放在家里给我慢慢吃。那个香味到现在也是忘不了的，虽然品种单调，口味单一，但是传统的月饼才是记忆最深刻的甜蜜味道。

如今，大家的生活品质日益提高，月饼市场一年比一年热闹，今年更是出现：牛蛙月饼、榴莲月饼、小龙虾芝士月饼、十仁月饼、巧克力香辣牛肉月饼……月饼的创新演变，也是社会发展进步的一个缩影。

无论月饼的馅料如何改变，上海人最爱吃的还是鲜肉月饼，现做现卖的鲜肉月饼，朴实的酥皮里包裹着新鲜猪肉，咬一口便有温热的汤汁溢出，热腾腾的美味无比！

据说现在上海最火的一家卖鲜肉月饼的店，有些人凌晨三四点来排队，到了中午依然排不上，再加上黄牛的搅局让排队现场更加混乱，导致得排队 9 小时才能买到一盒新鲜出炉、热气腾腾的鲜肉月饼。

NOTE

1. 调制肉馅的时候，滴芝麻油可以锁住调制的味道，放入冰箱冷藏过夜可以让猪肉馅更加入味，降低包月饼的难度。

2. 在制作饼皮的过程中，一定要用保鲜膜覆盖，以免饼皮风干。

3. 在月饼表面刷上全蛋液，烘烤后的颜色像月饼，如果刷上蛋黄液，烘烤后的颜色就成蛋黄酥了。

4. 点红曲米水是为了好看，也可以不点。

鲜肉月饼

参考分量 3~4 人份　制作时间 60 分钟　难易程度 ★★★★☆

用料
Ingredients

猪肉肉糜 / 250 克

中筋面粉 / 200 克

调料
Seasoning

猪肉馅 / 250 克　　生抽（酱油）/ 20 毫升

盐 / 10 克　　　　老抽（酱油）/ 10 毫升

葱姜水 / 200 毫升　芝麻油 / 10 毫升

鸡蛋 / 1 个

白胡椒粉 / 2 克

白砂糖 / 5 克

蚝油 / 10 毫升

油皮调料	油酥调料
猪油 / 40 克	猪油 / 50 克
沸水 / 35 毫升	
麦芽糖 / 10 克	

装饰调料
全蛋液 / 30 克
红曲米粉 / 10 克

做法
Steps

1. 调拌肉馅：3 分肥 7 分瘦的猪肉馅，加盐顺着一个方向搅拌至黏稠。分次加入葱姜水，每次都要少量加入，搅拌至充分吸收再继续添加，直到猪肉馅上筋，筷子可以立入不倒；再加入 1 个鸡蛋，顺着一个方向搅拌均匀，加入少量白胡椒粉、白砂糖、蚝油、生抽、老抽，最后滴入少量芝麻油，搅拌均匀，放入冰箱冷藏过夜。

2. 把油皮中所有食材（100 克中筋面粉 + 调料）混合彻底揉匀，油酥中的所有食材（100 克中筋面粉 + 调料）混合彻底揉匀，盖上保鲜膜室温静置 30 分钟。

3. 油皮分成每份 24 克，油酥分成每份 16 克，分好后滚圆盖上保鲜膜以免风干。

4. 取一个油皮在掌心按扁，把油酥包裹其中，包起来封口朝下放置。用擀面杖把面团擀成牛舌状，卷起。

5. 全部做好后擀开再卷一次，然后静置 5 分钟。

6. 静置好后取一份，对折按扁，擀成中间厚四周薄的皮，光滑面朝下，包入调制好的肉馅（40 克），最后收口朝下。

7. 在月饼表面刷上全蛋液，把月饼放入预热后的烤箱，200℃，10 分钟取出；把红曲米粉用水调匀，用筷子点上少许红曲米水在月饼上按个红点：继续把月饼放入烤箱，200℃，15 分钟，完成。

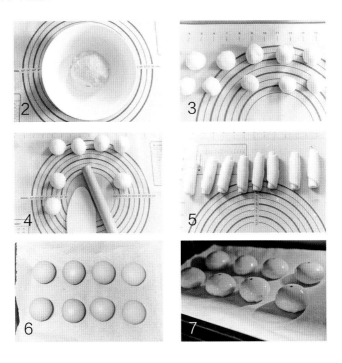

清香软糯一口一个

有一首歌曾经红极一时:"我在人民广场吃着炸鸡……"上海的人民广场,或许注定就是吃货们的集散地。除了歌曲里的炸鸡,还有网红鲍师傅、喜茶、杏花楼。有闲的,去排队,排队8小时等于上了一天班;有钱的,找黄牛,多花几十元买了别人的时间。

每年的三月份,青团们在上海的街头陆续闪亮登场。吃青团的食俗,最早可以追溯到两千多年前的周朝。据史籍记载:春秋时期,晋文公感念忠臣之志,下令在介子推死难之日禁火寒食,以寄哀思。古人为适应寒食节禁火吃冷食的需要,创造出很多食品,其中就包括青团。现在在江浙一带还是非常流行。

传统的豆沙馅、改良的马兰头香干馅、雪菜笋丁肉末馅、荠菜肉馅,创新的咸蛋黄肉松馅、榴梿馅、腌笃鲜馅……层出不穷的各种馅料,只有你想不到的,没有商家做不到的。

除了内馅,青团的外皮也是相当讲究的。我通常喜欢用麦青汁和的糯米粉,用开水和的黏米粉,加上猪油一起揉捏成团。团好入笼,蒸熟后必须要刷一层薄薄的油在青团表面,高颜值的青团谁不爱呢?

看到这些绿莹莹、软糯糯的"小可爱",让人忍不住咬上一口,清香温柔,糯韧绵软,似乎能品尝到春天的芬芳草香。

NOTE

1. 绿团、白团要和解冻后的猪油混合,否则面团揉不开。

2. 揉搓青团的手势和包汤圆一样。

3. 内馅还可以换成传统的豆沙和创新的咸菜笋丁肉末,都是很好吃的。

4. 未食用完的青团可以用保鲜膜包裹起来。

咸蛋黄肉松青团

(参考分量) 3~4 人份　(制作时间) 60 分钟　(难易程度) ★★★★☆

用料
Ingredients

外皮

糯米粉 / 100 克

麦青汁 / 80 毫升

黏米粉 / 30 克

内馅

咸蛋黄 / 4 个

猪肉松 / 80 克

调料
Seasoning

外皮

开水 / 25 毫升

猪油 / 10 克

内馅

白酒 / 10 毫升

油 / 适量

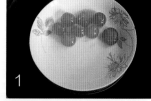

做法
Steps

1. 锅里烧水，水开后，把淋了白酒的咸蛋黄放进锅里蒸 15 分钟左右。

2. 锅里倒油，用手感受一下油温，等油热后把咸蛋黄放入锅里炒出油，再把猪肉松放入锅里炒散拌匀，按照每份 15 克的分量分团。

3. 糯米粉和麦青汁混合，揉成绿团。

4. 黏米粉和开水混合，揉成白团。绿团白团和猪油一起
　　混合揉匀。

5. 把面团分份，每份 35 克，包裹馅料，揉搓均匀。

6. 放入蒸笼或蒸锅蒸 15 分钟左右，取出刷油，完成。

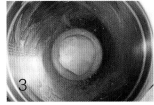

比粽子好吃一千倍

有一阵子，一种蛋蛋在朋友圈很是流行。这个蛋的神奇之处在于，它有着咸鸭蛋的外表和粽子的内心，而且馅料不仅有肉，还有搭配好的各种食材。剥开蛋壳，轻轻咬下去，每一口都充满了神秘和惊喜，不知道会吃到什么食材。

作为一名吃货，有一种情况是绝对不能忍的，那就是朋友圈有别人晒了我却还没吃过，并且看起来很美味的东西。糯米蛋就是这么出现在我的朋友圈里的。

中国的饮食文化博大精深，国人对食物的钻研总是孜孜不倦，不管是什么食材都能琢磨出各种各样的烹饪方法，一个咸鸭蛋也可以做出各种花样！对于我这种家里咸鸭蛋消灭速度最快的人来说，这个糯米蛋真是太合我意了！

好多人吃咸鸭蛋，只吃蛋清而不吃蛋黄，我恰恰相反，我只吃蛋黄，不吃蛋清。糯米蛋这种食物的存在，充分满足了我的需求！感恩可爱的吃货大众把它开发出来，而且在食材搭配上，除了有咸香流油的咸蛋黄外，还可以放自己喜欢吃的任何东西。

更有意思的是，如果要更有爱一些，可以在每枚糯米蛋上画上可爱的简笔画，或者写上几句吉祥如意的话，这样的糯米蛋做好了拿来送人也是很好的呢。

NOTE

1. 糯米尽量挑选圆糯米，口感会更加软糯。

2. 倒蛋清的时候，动作要轻，蛋清要倒干净，否则会很咸。

3. 灌糯米的时候不要灌太满，否则蒸好后糯米会胀出来。

4. 包裹锡箔纸的时候，锡箔纸从咸鸭蛋开口处罩住，往下包裹。

黄金糯米蛋

| 参考分量 | 3~4 人份 | 制作时间 | 90 分钟 | 难易程度 | ★ ★ ★ ☆ ☆ |

用料
Ingredients

咸鸭蛋／6 个

干香菇／10 克

糯米／60 克

五花肉／50 克

香肠／50 克

杂蔬（胡萝卜、青豆和玉米粒）／30 克

调料
Seasoning

盐／3 克

白砂糖／5 克

生抽（酱油）／20 毫升

老抽（酱油）／10 毫升

料酒／5 毫升

八角／1 个

生姜／2 片

做法
Steps

1. 糯米洗净浸泡 3 个小时；干香菇洗净，冷水泡发 1 小时左右切丁；香肠、五花肉洗净切丁。

2. 五花肉用料酒、生抽、老抽、白砂糖、生姜、八角腌制 1 小时左右；糯米控干水，所有的食材放在锅里拌匀，放一点生抽（10 毫升）、老抽（5 毫升）、白砂糖（2 克）、盐混合拌匀。

3. 生咸鸭蛋洗干净，轻轻在小的那头敲一下，然后慢慢地剥开蛋壳，口子不要剥太大，把鸭蛋倒过来尽量把蛋清倒干净。把拌好的糯米等食材一起灌入生咸鸭蛋里，一边灌一边抖，灌到 8 分满就可以了。

4. 灌好糯米以后，用锡纸包裹生咸鸭蛋，包裹完上锅蒸 50 分钟左右，然后就可以撕掉锡纸开吃了。

夜市的精彩都在这里

在"知乎"上看到过一个问题：去台湾旅游，有哪些事情值得一做？有个答案说：在夜晚绝对不能错过的体验——台湾夜市。这让我不由得想起前几年去台湾，白天可以去这里去那里看风景，但到了晚上只有一件事情可以做，那就是逛夜市。而且为了能够多吃点，有时候甚至会一个晚上辗转于好几个夜市，从天黑吃到天亮。

台湾的夜市，可以说是一个只在晚上营业的巨型小吃城。无论去哪家夜市，你都可以尝到那些台湾的经典小吃，比如蚵仔煎、超级大鸡排、牛肉面、大肠包小肠等。可每座夜市又一定会有自己独有的主打招牌，让人不得不一个个尝下来。

其中有一样美食让我印象特别深刻，那就是鸡翅包饭。店招上写着各大综艺节目《康熙来了》《食尚玩家》《大口吃遍台湾》等栏目的疯狂报道与鼎力推荐，当然最好的口碑就是络绎不绝的人流队伍，简直是排队排到丧心病狂。

原来这东西就是，塞满米饭的鸡翅放上火炉多次翻烤，鸡翅的外表烤过之后香嫩多汁，饱满的馅料软嫩入味，糯米饭充分吸收了肉汁的鲜美，鸡肉又融入了饭粒的香甜。啃两个鸡翅，感觉就能喂饱自己。

回到上海，我就心心念念那晚的鸡翅包饭，心里惦念着这东西应该做起来不难，只是去骨的时候要有耐心，这样离大功告成就不远啦。

NOTE

1. 鸡翅关节处的皮比较容易破，在处理鸡翅关节的时候要小心点，不要扯破皮了。

2. 炒好的米饭要晾凉才能填进鸡翅里，否则烫的米饭容易烫熟生的鸡翅。

3. 米饭不要塞太多，在烹制的时候鸡翅会收缩，塞太满的话，鸡翅容易胀爆。

4. 每家的烤箱性能脾气不一样，所以第一次做的时候一定要站在烤箱旁边，随时观察。

鸡翅包饭

参考分量　2~3 人份　　制作时间　40 分钟　　难易程度　★ ★ ★ ☆ ☆

用料
Ingredients

鸡全翅 / 4 只

干香菇 / 5 个

杂蔬（胡萝卜、青豆和玉米粒）/ 30 克

洋葱 / 30 克

隔夜米饭 / 150 克

调料
Seasoning

奥尔良烤肉料 / 20 克

盐 / 5 克

白砂糖 / 5 克

生抽（酱油）/ 15 毫升

老抽（酱油）/ 10 毫升

蚝油 / 5 毫升

做法
Steps

1. 先处理鸡翅，把每个关节的骨头连接处折断，然后用剪刀将连着骨头的筋膜剪断，慢慢地把骨头取出来。

2. 用奥尔良烤肉料腌制鸡翅，用手抓匀，放进冰箱冷藏 5 个小时左右。

3. 洋葱切丁；干香菇洗净，提前用冷水泡发 1 小时左右切丁；锅里倒油，用手感受一下油温，等油热后，把洋葱、香菇和杂蔬依次放进锅里煸炒。

4. 再把隔夜米饭放入锅里打散，放入盐、白砂糖，倒入
生抽、老抽炒匀，最后倒入蚝油拌匀，出锅晾凉。

5. 取出腌制好的鸡翅，把饭填进鸡翅里面，米饭不要塞
太多，塞 2/3 就可以了，用牙签把口封好。

6. 烤箱预热后，用剩下的腌料，加一点油，搅拌均匀后
刷在鸡翅表面，烤架上刷上一层油，将鸡翅码放在烤
架上，放进烤箱里，180℃，烤 20 分钟；烤架刷油，
将鸡翅翻面，用锡箔纸包住鸡翅尖，再烤 20 分钟就
能开吃啦。

摘一朵云烤给你吃

网络上挺流行一道快手早餐,除了快手,更重要的是颜值高,发到朋友圈一定是惊艳无数人,收获无数赞。

蛋黄是太阳,蛋白是云朵,真的是美出天际的一片吐司,有了火烧云的加持,整片吐司的格调立马提升了好几个档次,让人立刻想要拿起来咬一口。

溏心蛋黄,表面柔软盈润,用叉子轻轻一戳,便会爆出微烫的蛋黄浆来。仿佛是用火烧出来的蛋白,看起来特别有质感。绵软的口感,香甜的味道,起伏之间还漂浮着一抹黄色,吃起来犹如棉花糖般的口感,让人意犹未尽。

简单的吐司,用点小心思,就能把它变成不普通的吐司。如果你愿意,你就能把它变成生活中的小确幸,点缀你的生活,有时候快乐就是这么简单。

比起在人前告诉全世界"我爱你"的轰轰烈烈,不如在背后默默为他做早餐来得细水长流更有爱呢。试想一下,能够在每天第一道日光下,为最爱的人做一份像日出火烧云那么美的吐司,是一件多么美好的事情呀!

NOTE

1. 喜欢吃有口味的吐司,可以先在吐司上撒调料或抹酱,再放蛋白。

2. 蛋白里面也可以加盐,根据个人口味来做。

3. 每家的烤箱性能脾气不一样,所以第一次做的时候一定要站在烤箱旁边,随时观察。

火烧云吐司

参考分量　2 人份　　制作时间　20 分钟　　难易程度　★★☆☆☆

用料
Ingredients

吐司 / 2 片

鸡蛋 / 2 个

调料
Seasoning

白砂糖 / 10 克

做法
Steps

1. 把蛋白和蛋黄分开，蛋黄不能弄破。

2. 蛋白里撒上白砂糖，用电动打蛋器打成硬性发泡的状态。

3. 把吐司放在烤盘里，把蛋白挖到吐司表面，用刮刀或勺子整形，中间挖坑，把蛋黄放进去。

4. 烤箱预热后，把摆好造型的吐司放进烤箱，140℃，烤 13~15 分钟出炉。

黄金满地嘎吱脆

人有时候容易陷入无限纠结中，比如我，明明知道油炸食品不健康，偏偏要在吃完正餐后，再点一份玉米烙，自动开启无视玉米烙油汪汪的模式；明明知道老龚不爱吃甜食，偏偏不死心，冒着一个人吃完一整个玉米烙的风险，毫无底气地让服务员来一个玉米烙，只想品尝它浓浓的奶香和酥酥的口感。

玉米烙，寓意金玉满堂，是一道美味又有好寓意的家常菜。想要玉米烙好吃，玉米粒必须要质量上乘。有条件的可以选择新鲜上市的水果玉米，想偷懒的话也可以用超市里的玉米罐头来做。调制面糊的比例也很重要，糯米粉和淀粉比例为最好 1:3，再淋入少许的牛奶拌匀。淀粉可以增加玉米粒的脆度，糯米粉可以增加玉米粒的黏性。

这道菜色泽金黄，入口香甜，外酥里嫩，回味无穷，而且非常简单易做，大家试了就知道。

NOTE

1. 要让每一颗玉米粒均匀裹上糯米粉、玉米淀粉、糖和牛奶的混合物，这样玉米粒才能煎透定型。

2. 把玉米粒铺满整个平底锅底部，可以借助铲子。

3. 对于新手来说，最好使用平底锅操作。

玉米烙

| 参考分量 | 2~3 人份 | 制作时间 | 20 分钟 | 难易程度 | ★ ★ ★ ★ ☆ |

用料
Ingredients

玉米粒 / 300 克

调料
Seasoning

糯米粉 / 5 克

玉米淀粉 / 15 克

牛奶 / 2 毫升

白砂糖 / 10 克

植物油 / 250 毫升

做法
Steps

1. 把糯米粉、玉米淀粉、白砂糖（7 克）和玉米粒混合，倒入牛奶，轻轻地拌匀。

2. 锅里倒油，等油烧至表面微微冒烟，关火，把烧热的油倒出来。不用开火，把玉米粒均匀铺满整个平底锅底部，开小火，把玉米粒煎到定型。

3. 从平底锅的边缘慢慢淋入刚才烧好的热油，要让玉米烙都浸泡在油里，开始中火油炸，炸到玉米粒变成金黄色关火，用铲子把玉米烙铲起来放到吸油纸上吸油，最后撒白砂糖（3 克）、切块摆盘。

后记

从最早想要写这本书，到现在快要出版这本书，已经过去了两年半的时间。

从 2016 年、2017 年的不自信，到 2018 年的拼命写，再到 2019 年的很期待，让一切都成为如今最好的安排。

原本以为爱吃会做，就已经很厉害了。完全没有想到，美食和写作还能沾上边。

老龚一直提醒我，凡事必须要有记录，有记录才能有成长。而我身边也有一群靠码字成长的朋友，时不时地我都能汲取到榜样的力量。直到 2016 年 4 月，我终于磨磨唧唧地开通了微信公众号。

开通并不难，5 分钟就能搞定，最难的是坚持。写作初期是最痛苦的，要么没有素材可写，要么就是没人看没人留言。我当时的心态很好，反正没什么粉丝，可以随便写，尽情发挥，不断试错，顺便积累经验。无论如何，都要写！完成比完美重要，不写怎么知道自己不可以？当然，在输出的同时，也要有输入才行，否则经常会有血槽已空的感觉。

难过的时候，我选择写；开心的时候，我也选择写。不用花钱，不用出门，通过键盘仿佛可以写下整个世界。这世界如此喧嚣和浮躁，把心沉下来，安安静静地写，也是一份不可多得的快乐和满足。

写作犹如爬山，一步一个脚印地往上爬，视野变得越来越开阔，不断看到新的人和事物，产生新的感受和想法，对这个世界的认识也会发生巨大的变化。可以用一句歌词来形容：走过的世界那么小，未知的世界那么大。

做微信公众号犹如做一家餐厅，每一篇文章每一处细节，都能体现你的诚意和心意。要让读者感受到，这不是机器在写，而是一个有温度的人在经营。任何时候，走心的人一定比漫不经心的人成长得更快。

特别幸运的是，我不是一个人在写作，而是和一群人一起在写作。大到知识型 IP 训练营 1000+ 位小伙伴，小到上海小分队的 23 位小伙伴，大家在一起不仅仅只有吃喝玩乐，更多的是相互监督相互鼓劲，目标是自己定的，任务是自己领的，而且还要大声喊出来，完不成就要发红包。很多时候，抱团成长的能量会超乎你的想象。在这样的氛围下，如果不努力好好写，就会显得格格不入，甚至会被小伙伴们抛弃。我不想，也不愿。

正因为自己的这份坚持和用心，以及秋叶大叔、萧秋水、剽悍一只猫、杨小米、吉吉等朋友的帮助，我的微信公众号经营得越来越好，三年多时间我一共写了 300 多篇原创文章，有菜谱、探店、游记、心得，当然还有福利和推荐。

每写完一篇文章，都会有累趴不想再写的念头。但是，看到读者们一个个的赞、一笔笔赞赏、一条条留言、一群群转发，心中的喜悦之情犹如洪水猛兽般溢于言表。我告诉自己，唯有继续好好写，才能不辜负这份信任和关注。

现在大家都流行说：不忘初心。

不记得在哪里看过这么一句话：哪有什么初心，都是走着走着，才有了初心。

经过这三年多的摸爬滚打，我现在特别理解和赞同这句话。

最初我是被催促被影响，才决定开始写作，慢慢地对自己开始有了要求，除了会吃会做还要会写。顺境中我根本不会去感受什么是初心，但当我真的走过了崎岖坎坷的路，然后心中还抱着那团火，这个时候我才能说，我是真的热爱。

也希望看到这里的你，能够像我一样找到初心，寻找到属于自己的小幸福。

图书在版编目（CIP）数据

好好吃饭好好爱 / 沈小怡著 . -- 南京 : 江苏凤凰
科学技术出版社 , 2019.8（2019.9 重印）

ISBN 978-7-5713-0353-2

Ⅰ . ①好… Ⅱ . ①沈… Ⅲ . ①菜谱 Ⅳ .
① TS972.12

中国版本图书馆 CIP 数据核字 (2019) 第 100677 号

好好吃饭好好爱

著　　　者	沈小怡	
责 任 编 辑	李莹肖	
助 理 编 辑	刘小月	
责 任 校 对	郝慧华	
责 任 监 制	曹叶平　　刘文洋	

出 版 发 行	江苏凤凰科学技术出版社
出版社地址	南京市湖南路 1 号 A 楼，邮编：210009
出版社网址	http://www.pspress.cn
印　　　刷	南京海兴印务有限公司

开　　　本	787mm×1 092mm　1/16
印　　　张	15.25
版　　　次	2019 年 8 月第 1 版
印　　　次	2019 年 9 月第 2 次印刷

标 准 书 号	ISBN 978-7-5713-0353-2
定　　　价	49.80 元

图书如有印装质量问题，可随时向我社出版科调换。